아이의 모든 것은
몸에서 시작된다

하루 30분 몸의 감각을 깨우면 일어나는 기적 같은 변화, 몸육아의 비밀

아이의 모든 것은 몸에서 시작된다

김승언 지음

카시오페아
Cassiopeia

현대인의 편리함을 위해 개발된 컴퓨터, 스마트폰 등의 기기들은 이제 다른 사람의 도움, 접촉 없이도 연락을 하고, 물건을 사는 등 일상생활에 기본적인 행위들을 가능하게 하였다. 그러다 보니 지하철을 기다릴 때도, 잠시 한숨 돌리는 시간에도 우리는 다른 사람의 눈이 아닌 스마트폰을 쳐다보는 게 자연스러워졌다. 갈수록 사람들 간의 직접적인 접촉보다는 기계를 이용한 간접적 접촉이 많아지다 보니 오히려 터치, 촉각 자극의 필요성은 더 커지는 듯하다.

그냥 '안녕' 하는 것보다 어깨를 쓰다듬으며 '안녕' 하는 것이 훨씬 더 인상적이다. 촉각은 우리 몸의 오감 중 하나이자 특별한 감각이다. 아이들은 태내에서 엄마와 하나로 연결되어 있다가 출산 후 세상으로 나와 엄마가 안아주고 흔들어주면 안정감을 느낀다. 생후 초기 아직 눈이 뜨이지 않고 말이 트이지 않는 신생아들에게는 엄마와의 관계에서 촉각이 발달 자극으로 중요할 수밖에 없다.

몸의 여러 부분에서 느끼는 감각은 뇌에 신호로 전달되고 생각, 감정, 행동을 일으키게 된다. 이 과정에서 뇌세포 간의 연결이 이루어지고, 이러한 연결이 자주 이루어지게 되면 신경 연결망으로 형성된다.

엄마의 뱃속에서 조금 빨리 세상으로 나온 이른둥이들에게는 병원에 있는 동안 정기적인 물리치료가 아이들의 발달을 촉진한다는 결과가 밝혀졌다. 아기가 울 때 엄마가 안아주고 흔들어주면 울음을 그치는 현상을 볼 수 있다. 어린 시절 방임을 비롯한 트라우마를 경험한 아이들에게도 이러한 촉각을 이용한 접근은 효과적이다. 여러 가지 배경의 치료 기법으로 이러한 아이들을 치료해보려고 시도하지만 아이들의 격렬하고 부정적인 감정이 진정되지 않을 때는 결국 안고 달래준다. 자주 안아주고 음성을 전달하면 아이들의 격렬한 반응이 점차 줄어드는 것을 볼 수 있다.

이렇게 아이들의 발달, 성장에 있어 촉각은 적극 활용해야 하는 감각이다. 그러한 의미에서 김승언 선생님의 '몸육아'에 관한 책은 점차 단절되어가는 현대인에게 경종을 울리는 책으로, 바쁜 일상 속에서도 사람들 간의 교류, 접촉의 중요성을 깨닫게 해주는 내용이었다. 특히 미래의 주역이 될 우리 아이들을 키우는 부모님들에게 다시 한 번 촉감의 중요성을 인식시키고 육아의 어려움을 덜어주는 책이 될 것이다. 아이를 좀 더 건강하고 단단하게 키우기 위해 이 책을 적극 활용하시기를 권한다.

민아란

한양대학교 의학과 박사졸업

前 한양대학교병원 정신건강의학과 임상교수

現 바디프랜드 메디컬 R&D센터 정신과 전문의

아이의 몸을 안다는 것

불러도 반응이 없는 아이

눈을 마주치지 않는 아이

친구에게 관심이 없는 아이

말을 하지 않는 아이

나는 이런 특징이 있는 아이들을 매일 만나고 있다. 병원에서 자폐 스펙트럼 장애, 또는 발달장애 진단을 받고 치료를 위해 찾아온 아이들이다. 하지만 나는 이 아이들을 '자폐증', '발달장애'라고 부르기 싫다. 이 단어들 안에 아이의 가능성과 잠재력을 가두고 싶지 않기 때문이다.

모든 아이는 천재로 태어난다. 막강한 잠재력과 능력을 가지고 있다. 난 아이들을 믿는다. 끊임없이 변화하고 성장할 수 있는 그 잠재력을 무한 신뢰한다. 그래서 평생 누군가의 도움이 있어야 살 수 있다는 의미인 '자폐', '발달장애'에 강력하게 도전하고 싶었다.

나는 유치원도 들어가기 전부터 이런 발달장애, 자폐증 아이들과 함께 했다. 다양한 발달상의 문제와 정서적인 어려움을 가진 아이들을 수없이 만났다. 그 아이들과 친구처럼 자라며 그 아이들이 치료되면서 말도 잘하게 되고, 보통의 아이들처럼 성장하는 모습을 지켜보았다. 일반 초등학교에서 우등생이 되고, 서울에 있는 대학에 입학해 군대도 다녀오고, 연애하고 사랑을 주고받으며 사는 모습을 보았다. 기적이라고 불리는 이런 일들이 나에게는 일상이었다. 그래서 난 발달장애, 자폐증이 치료되고 완치될 수 있다고 믿었고, 지금까지 그렇게 살아왔다.

나에게는 한 살 많은 언니가 있다. 언니는 생후 3일 만에 급성황달로 중증 뇌성마비 장애인이 되었다. 나는 언니와 초중고를 같은 학교, 같은 반에서 생활했기 때문에 장애우들이 느낄 수 있는 차별과 편견을 몸소 체험하며 자랐다. 나와 언니는 늘 친구 사귀기가 힘들었고 어디서나 소외되었다. 원하지 않아도 불편한 주목을 받았고, 이유 없이 미움받는 일들을 겪어야 했다.

특히 일부 어른들은 언니를 보기만 해도 혀를 차며 고개를 돌렸고, 벌레라도 본 것처럼 우리를 대했다. 그리고 자녀가 우리 근처에 오는 것을 싫어했다. 그런 시선과 차별 속에서 나는 삶이 참 힘겹게 느껴졌다. 성격은 점점 가시가 돋아 까칠해졌고, 그저 숨고 싶었다. 그 때문에 언니와 나는 대부분의 시간을 집에서 보냈다.

하지만 어린 아이들은 달랐다. 나와 언니를 이상하게 보지 않고 오히려 좋아했다. 먼저 다가와서 안기고 함께 놀자고 요청했다. 장애인인 언니를 편견과 선입견으로 바라보는 어른들과 달리 아이들은 우리를 있는 그대로 보았고 함께 어울렸다. 그래서 난 어릴 적부터 아이들을 좋아했다. 내 가슴속 깊이 아이들은 늘 고맙고 소중한 존재다. 매일 백여 명의 아이를 만나는 지금도 아이들이 정말 예쁘고 사랑스럽다.

평생 뇌성마비 중증 장애인으로 살아갈 거라고 했던 의사 선생님의 말씀과는 달리 나의 언니는 현재 지극히 건강하고 정상적인 생활을 하고 있다. 언니는 자신의 키만 한 승마용 말들을 돌보고, 농장도 관리하고 있다. 집에서는 고양이 두 마리를 키우고 가끔 내 딸아이와도 놀아준다. 며칠 전에는 보이스 피싱이 의심되는 카톡이 왔다고 걱정하는 언니와 한참 동안 통화를 하기도 했다. 내가 속상한 일이 있어서 이야기하면 언니는 고개를 끄덕이며 경청한다.

평생 누군가의 도움 없이는 못 살 거라고 했던 의사의 예상은 완전히 틀렸다. 나의 언니는 현재 모든 생활을 스스로 당당하게 해내고 있다. 이웃 사람들 그리고 반려동물과 적극적으로 소통하며 살고 있다. 주변 현상에 대해 논리적으로 생각하고 문제상황에 대해 적절하게 대처하는 건강한 어른으로 살고 있다.

뇌성마비 장애가 있는 언니가 이렇게 치료될 수 있었던 것 뒤에는 부모님의 헌신적인 노력이 있었다. 아버지는 언니의 병에 대해 밤낮으로 공부하고 연구했다. 어머니는 매일 솔잎을 따서 언니에게 먹이셨고, 산으로 개울로 나가서 언니를 운동시키며 전심전력을 다해 힘쓰셨다. 언니의 상태가 좋아지고 치료되자 입소문이 났다. 그러자 전국과 해외 각지에서 많은 아이가 우리를 찾아왔다. 처음에는 언니와 같은 뇌성마비 아이들이 많았지만 차츰 자폐증, 발달장애 아동들이 더 많아졌다. 그리고 이 아이들도 나의 언니처럼 좋아지고 치료되기 시작했다. 그렇게 자연스럽게 부모님께서는 장애아동치료교육을 시작하게 되었다.

이런 치료교육센터가 거의 전무했던 80년대 초반에 치료센터를 열고, 이 일을 개척해나갔다. 계속 성공사례가 이어지고, 지금은 그 치료방법을 최고의 뇌과학 권위자들과 함께 증명하고 있는 단계에 이르렀다.

이렇게 시작된 자폐증, 발달장애 치료교육센터가 올해 30주년을 맞이했다. 우리 가족은 현재 2대째 이 일을 함께하고 있다. 그래서 나의 경력은 30년이 넘는다. 어릴 적부터 발달이 느린 아이들과 함께하며, 평범하지 않은 삶을 살았다. 나의 남동생도 역시 30년이 넘는 경력의 소유자이다.

나는 중앙대학교 아동복지학과에 입학하고 2학년 때부터 부모님이 하시는 치료교육 일에 본격적으로 뛰어들었다. 나의 남편은 밥 잘 사주는 누나인 나와 결혼하고 지금 우리 센터로 이직했다. 현재는 터치아이발달센터 일산센터장이 되었다. 나의 딸은 보통의 유치원이 아니라 사회성 발달에 특화된 터치아이놀이학교에서 발달이 늦고 사회성 경험이 필요한 아이들과 매일 함께한다. 우리 가족은 모두 같은 배를 타고 아동치료교육을 위해 함께 노를 저어가고 있다.

치료센터가 커지고 유명해질수록 발달장애, 자폐증 진단을 받고 오는 아이들뿐 아니라 사회성이 부족하거나 예민한 아이, 어떻게 다루어야 할지 모르는 아이들이 밀려오기 시작했다. 나는 새로운 아이들을 맞아 재미와 기쁨을 줄 수 있는 다양한 프로그램을 준비했다. 그런데 아이들 반응이 내 예상과는 매우 달랐다. 신체적 결함이 있는 것도 아닌데 간지럼을 태워줘도 무감각하거나 재미있는 미술 활동에도 관심이 없거나 신 나는 음악을 들려줘도 춤을 추기는커녕 도망을 다녔다.

왜일까? 보통 아이들은 신 나고 즐거워하는 활동인데 왜 재미있어하지 않을까? 그 이유가 무엇인지 알고 싶었다. 이 아이들은 무엇에 관심이 있는지, 어떨 때 마음을 열고 타인에게 다가가는지, 이론적인 지식이 아닌, 내가 직접 보고 듣고 느끼고 깨닫고 이해하고 싶었다.

그래서 아이들에게 더 적극적으로 다가갔다. 밀가루 반죽을 할 때도 말로만 만지라고 하지 않고 아이의 손을 잡고 같이 만졌다. 터널을 통과해보자고 말로 하기보다는 내가 직접 몸을 숙이고 아이와 함께 들어갔다. 몸을 부대끼며 비좁은 터널을 함께 통과하고 나면 아이는 조금 힘든 기색이지만 또 하겠다고 머리를 들이밀었다.

함께 뒹굴며 뛰어놀면서 나는 책에는 나오지 않는 아이들의 생각과 감정을 읽을 수 있었다. 내 몸은 점점 더 아이를 이해하는 몸으로 변했다. 아이를 몸으로 이해하게 되자 그동안 보이지 않던 것들이 보이고, 느끼지 않았던 것들이 느껴지기 시작했다. 그것은 바로 '아이의 몸'이었다.

이런 경험이 쌓이자 어떤 자극이 아이의 발달에 무슨 영향을 미치는지 알게 되었다. 신체 접촉 활동과 적극적인 몸놀이를 경험한 아이들은 사회성뿐만 아니라 모든 발달에서 좋아지기 시작했다. 반면에 부모와의 신체 접촉, 스킨십, 몸놀이가 줄어들면 아이에게 어떤 문제가 생기는지도 알게 되었다.

발달상에 문제가 있는 아이들을 만나면서 그 원인에 대해 알게 되었고, 그 원인을 제거했더니 아이가 건강해졌다. 그뿐만 아니라 주변에서 똑똑하다 소리를 들을 수 있을 정도로 총명해졌다. 이런 경험과 시간은 나에게 어떤 것과도 비교할 수 없는 탁월한 지식과 정보를 선물해주었다. 그것은 사람이 사람으로서 건강하게 살아가고, 아이가 아이답게 성장, 발달하려면 '몸'에서부터 시작해야 한다는 깨달음이었다. 나는 더욱더 적극적으로 아이 몸에 집중해서 활동을 확장시켰다.

"어디에서도 이런 이야기를 들을 수 없었는데 선생님은 어떻게 이렇게 제 아이를 잘 아세요?"

"그렇게 많은 아이를 만나면서 어떻게 모든 아이를 그렇게 자세하게 파악하실 수 있나요?"

"우리 아이는 엄마인 저보다 선생님을 더 좋아하는 것 같아요."

내가 이렇게 신뢰받는 전문가가 될 수 있었던 것은 아이의 몸을 많이 안았기 때문이다. 그리고 매일 했던 몸놀이 덕분이다. 나는 머리가 아니라 내 몸으로 아이를 읽었다.

그래서 나는 지금 '몸육아' 전도사가 되었다. 부모는 아이의 몸을 어떻게 사용해야 하는지 알아야 한다. 그럴 때 우리 아이들은 더욱 건강하고 행복할 수 있다. 다음 세대를 더욱 기대할 수 있게 된다.

이 책을 통해 나는 아이 몸에 숨겨진 원리와 성장발달의 해답을 제시하고자 한다. 이 세상의 모든 부모는 '아이의 몸'에 대해 먼저 알아야 한다. 혹시 우리 아이 발달에 문제가 있는 건 아닌지 의심된다면 '아이의 몸'에 답이 있다. 왜 말이 늦는지 알고 싶다면 '아이의 몸'에 답이 있다. 아이가 집중력이 없어서 고민이라면 '아이의 몸'에 답이 있다. 아이가 친구와 잘 어울려 놀려면 어떻게 해야 할까? 이 역시 '아이의 몸'에 답이 있다.

마음이 건강해지는 것도 몸에서, 뇌 발달이 촉진되는 것도 몸에서, 즉, 아이의 모든 것은 몸에서 시작된다.

아이의 몸이 말해주는 그 신기한 여행, 함께 떠나보자!

김승언

차례

Chapter 1

아이의 인생을 바꾸는 몸놀이 육아 혁명

기적을 만드는 몸놀이 치료 효과

모든 아이는 세상에 태어나면 두 가지를 갖게 된다. 하나는 시간이고, 다른 하나는 자신의 몸이다. 자신의 몸을 어떻게 쓰면서 시간을 보내느냐에 따라 아이의 미래는 달라진다. 자신의 몸을 알아가며 시간을 보내야 아이는 건강해진다. 자기 몸이 아닌 것에 많은 시간을 보내면 아이의 성장에 문제가 생긴다.

현대사회는 몸을 많이 움직이지 않도록 도와주는 사회다. 교통의 발달, 자동화, 기계화, 정보화 등으로 편리해졌지만, 그 때문에 어른은 물론이고 아이들마저 건강하게 몸을 사용할 기회를 잃게 되었다. 특히 아이들은 자기 몸을 이해하지 못하고 신체의 힘을 제대로 조절하는 법을 알지 못한 채 자라나고 있다. 그러다 보니 타인의 몸을 배려하는 법도 모른다. 아이들은 자신의 몸을 올바르게 쓰는 법을 배우지 못한 채 점점 몸을 쓰지 않게 되고, 자신의 몸이 아닌 다른 것에 생각을 빼앗기고 있다.

의학계에서는 자폐증, 발달장애를 완치가 불가능한 장애라고 한다. 자폐증, 발달장애는 유전적인 원인에 의한 선천적 장애고, 뇌신경학적인 질환이라고 보기 때문이다. 그러나 내가 경험으로 알게 된 것이 있다. 자폐증 발달장애는 후천적 발생원인이 있다는 것이다. 그리고 '아이의 몸'에 대해 잘 알고 적극적으로 아이의 몸에 접근하면 이 아이들도 치료될 수 있다는 것이다. 현재 자폐증, 발달장애로 진단받은 아이들이 달라진 것은 물론이고, 자폐증, 발달장애로 진단받게 될 아이들도 예방할 수 있다. 자폐증, 발달장애가 치료되고 완치될 수 있다고 보여줄 수 있는 증인이 된 아이들이 매년 십여 명씩 나오고 있다.

자폐증, 발달장애 아이들에게도 효과가 있었는데 보통의 아이들에게 이 몸놀이가 얼마나 좋은 효과를 가져올지 생각만 해도 짜릿하다. 나는 몸놀이의 중요성을 더 많은 사람에게 알리기 위해 이 책을 쓰게 되었다. 자폐증, 발달장애도 치료될 수 있다는 것을 알리고, 자폐증, 발달장애뿐만 아니라 발달 지연 등으로 고심하는 부모님들에게 누구나 할 수 있는 치료 방법을 알려주려고 한다.

나는 지난 30여 년, 그리고 본격적인 15년의 시간 동안 수많은 자폐증, 발달장애 아이들이 치료되는 과정에 함께했다. 보통의 아이들과 자폐증, 발달장애 아이들의 가장 큰 차이점은 바로 자신의 '몸'을 인식하는 방식에 있었는데, 그중에 가장 핵심이 되는 것을 정리해보았다. 우리 아이는 어디에 해당하는지 생각해보자.

정상적인 몸 사용	위축적인 몸 사용
몸을 잘 쓴다.	몸을 잘 쓰지 않는다.
몸을 다양하게 쓴다.	몸을 단순하고 반복적으로 쓴다.
자기 몸을 잘 본다.	자기 몸을 잘 보지 않는다.
신체와 신체가 잘 연결된다.	연결이 안 된다(협응의 문제).
신체 접촉을 좋아한다.	신체 접촉을 싫어하거나 거부한다.
새로운 것을 스스로 만지거나 접촉하려 한다.	새로운 접촉을 시도하지 않는다.
몸을 많이 움직인다. 춤도 춘다.	정적이다. 얌전하다.

이 내용이 자폐증 아동과 일반 아동이 '몸을 사용하는 방식'의 차이점이다. 이 차이가 좁혀질 수 없는 극과 극의 다른 양상으로 보이는가? 그러나 이 차이의 시작은 매우 미세하다. 같은 곳에서 시작되었지만 방향의 차이가 생기게 되고, 방향이 달라지면서 그 사이가 점점 크게 벌어지게 되는 것이다. 시간이 지나 차이가 크게 벌어지면 독특하고 다른 행동으로 형성되게 된다. 그러면 발달이 지연되고, 발달장애, 자폐증이 된다.

보통의 아이들은 만난 지 얼마 되지 않아도 간지럼을 태우거나 비행기를 태워주며 다가가면 금세 마음을 열고 친밀감을 표현한다. 같이 놀자고, 또 해달라고 요구한다. 반면에 자폐증, 발달장애 아이들의 반응은 사뭇 다르다. 아무 반응도 없는 아이가 있는가 하면, 울고 꼬집고 깨물면서 심하게 거부하기도 한다. 또 해달라고 달려드는 경우는 매우 드물었다. 아이라면 충분히 좋아할 몸놀이인데, 이 아이들은 왜 다른 것일까? 뭐가 문제인 걸까? 나는 이 문제를 두고 참 많이 고민했다.

그러다 보통 아이들이 좋아하는 몸놀이를 자폐 아이들도 좋아하게 되면 그게 치료가 되는 게 아닐까 하는 생각이 나를 휘어잡았다. 나는 몸놀이에 대해 공부하고 연구하면서 바로 아이들과 몸놀이를 시작했다. 교실에 책상을 치우고 매트를 깔았다. 그러고는 누워서 비행기를 태워주고 안고 구르고 간지럼 태우고 마사지해주며 많은 시간을 보냈다. 울고불고 난리를 쳐도 계속했다. 몸놀이를 싫어하는 표현이 거센 아이일수록 몸놀이 시간을 더 늘렸다.

그러자 점차 아이들에게서 변화가 보이기 시작했다. 아이들이 조금씩 몸놀이를 좋아하기 시작하더니 급기야 불러도 반응 없던 아이가 나에게 먼저 다가왔다. 항상 무표정하던 아이의 얼굴에 생기가 돌고 표정이 다양해졌다. 예쁜 얼굴에 화색이 돌면서 더욱더 사랑스러워졌다. 새로운 놀이를 시작하자 아이의 관심이 다양해지고, 활발하게 환경을 탐색하게 되었다. 그렇게 아이는 자폐 성향이 줄어들고, 말을 하게 되고, 친구와 어울려 놀 수 있게 되었다. 기적 같은 놀라운 일이 벌어진 것이다. 몸놀이가 치료 효과가 있을 거라는 기대는 현실이 되었고, 나는 몸소 몸놀이가 아이들에게 얼마나 굉장한 역할을 하는지 깨달았다.

지금껏 나는 자폐증, 발달장애가 아닌 아이들도 많이 만나 왔다. 감정조절이 미숙해서 쉽게 우는 아이, 짜증이 많은 아이, 발음이 부정확한 아이, 집 밖에서는 아무 말도 하지 않는 아이, 주변 사람에게 관심 받으려고 툭툭 사람들을 때리는 아이, 혼자 책만 보는 아이, 먹지 않아 뼈만 앙상한 아이, 무기력하고 우울감이 많은 아이와도 함께했다.

이 아이들을 관찰하면서 역시나 '몸'을 경험하는 과정에 문제가 있었다는 것을 알게 되었다. 어떤 말로도 설득되지 않던 아이들이 몸놀이를 통해 '몸'으로 접근했더니 나에게 다가왔고 즐거워하기 시작했다. 함께 움직이고 몸으로 소통하면서 시간을 보냈더니 짧은 시간 안에 자기조절력과 공감능력이 향상되었다. 다른 사람들과 잘 어울리게 되고, 보는 이를 흐뭇하게 하는 모습으로 점차 변해갔다.

나는 어떤 육아 방법보다 몸놀이를 통해 아이의 '몸'을 아는 것이 가장 효과적인 육아법이라는 것을 알게 되었다. 그리고 그것은 부모의 가장 기본이고 우선적인 의무이기도 하다. 아이의 몸을 알아갈 때 부모도 함께 성장한다. 부모의 성장을 통해 아이의 발달은 더욱 촉진된다.

부모는 더 건강한 다음 세대를 위해 마땅히 '아이의 몸'을 더 적극적으로 알 필요가 있다. 아이의 몸을 아프게 하는 원인으로부터 아이들을 보호해야 한다. 현대사회가 아이들에게 어떠한 악영향을 끼치는지 파헤쳐야 한다. 그래야 내 아이가 건강해진다. 내 아이뿐만 아니라 다른 아이도 건강해야 내 아이가 살게 될 다음 세대가 안전해질 수 있다.

나는 이 책을 통해 왜 '아이의 몸'이 중요한지, 아이의 발달에서 그

것이 의미하는 바가 무엇인지 설명할 것이다. 그리고 발달이 건강하게 이뤄지기 위해서 어떤 모습의 놀이가 필요한지 몸놀이 방법을 구체적으로 소개할 것이다.

나는 지난 3년간 아이와 부모가 함께 몸놀이를 하는 터치모아 프로그램을 실시하였다. 함께했던 부모님들은 참 많은 질문을 했다. 아이와 몸놀이를 하게 되면 질문이 많아질 수밖에 없다. 몸놀이를 경험한 부모들은 몸을 쓰니 아이에게 집중하게 되고, 그러다 보니 생각지 못했던 궁금증들이 떠오른다. 몸의 접촉을 통해 뇌도 더욱 활성화되서 능동적으로 사고하게 된다. 아이가 변화될 수 있다는 희망에 기뻐하는 수많은 부모를 보았다. 나는 이 책에 몸놀이를 체험한 부모들이 궁금해했던 것에 대한 답변도 최대한 담으려고 노력했다.

이제 '몸'이라는 이 짧은 단어에 숨겨진 비밀을 더 깊이 공개하고자 한다. 특히 아이 발달의 핵심이 숨어 있는 '몸'에 대한 끝없는 이야기, 끝날 수 없는 그 이야기를 시작하겠다.

아이에게 충분한 스킨십이 필요한 이유

"아이와 스킨십을 많이 하나요?"

처음 아이를 데리고 상담하러 온 부모에게 나는 항상 이런 질문을 한다. 그러면 돌아오는 대답은 대개 이렇다.

"부족하지 않게, 많이 안아주었던 것 같은데요."

"늦게 낳은 아이라 예뻐서 더 물고 빨고 했어요."

분명 신체 접촉이 부족해 보였던 아이인데도 이런 대답이 돌아올 때가 많다. 아이의 부모가 거짓말을 하는 것일까, 아니면 정말 스킨십이 많았는데 나의 접근이 잘못된 것일까?

'충분하다', '부족하다'는 것은 굉장히 상대적이다. 그리고 아이의 기준과 부모의 기준은 매우 다를 수 있다. 하루 한 번 안아주고도 부모는 충분히 안아주었다고 생각할 수 있고, 하루에 열 번 안아줘도 아이는 부족하다고 느낄 수 있다. 신체 접촉이 충분했을 거라고 말한 부모의 대답이 틀렸다고 주장하려는 건 아니지만 이 책을 읽고 있는 부모라면 한 번쯤 아이의 입장에서 생각해봐야 한다. 아이는 나와의 신체 접촉이 부족하다고 느낄까, 충분하다고 느낄까? 부모와 아이의 주관적인 기준에 의해 '스킨십이 부족하다', '충분하다'는 다양하게 평가될 수 있다는 점을 염두에 두자. 하지만 분명한 것은 지금 이 사회의 일반화된 육아문화가 스킨십이 부족한 방향으로 흘러가고 있다는 거다.

- 선택적 제왕절개
- 태어나자마자 신생아실(3일) 입원
- 산후조리원(2~3주)에서 모유수유할 때만 엄마와 접촉
- 젖병 수유
- 손싸개, 발싸개, 뒤집기방지쿠션 등 과도한 육아용품 사용
- 아이 혼자 놀 수 있는 바운서, 점퍼루, 보행기 사용
- 포대기, 아기띠 대신 유모차 사용
- 아빠 육아를 기대하기 힘든 엄마의 독박육아 환경
- 번쩍번쩍 빛이 나고 시끌벅적 소리 나는 장난감들
- 뽀로로 영상, 영어학습 등 디지털 영상매체 만연
- 아이방을 빼곡히 채운 유아전집
- 만질 수 없고 윈도쇼핑만 가능한 마트, 백화점 나들이
- 안전하고 깨끗하게 키우려다 과잉육아, 헬리콥터 육아로 전락

이 내용 중 당신의 출산과 육아환경은 몇 가지 항목에 해당하는가?

혹은 앞으로 임신과 출산을 준비하고 있다면, 위의 것 중에 몇 가지를 계획하고 있는가?

물론 이 사항들이 잘못되었다는 것은 아니다. 자연분만을 하고 싶었으나 산모와 태아의 건강에 대한 위험으로 제왕절개를 했을 수도 있고, 독박육아를 하는 것도 서러운데 잘못했다고 나무람 듣는 것 같아 억울할 수도 있다. 내가 말하고자 하는 바는 부모들이 잘못했다는 것이 아니라 우리의 육아문화가 전체적으로 아이가 다른 사람의 신체와 접촉할 기회를 빼어가는 쪽으로 흐르고 있다는 것이다.

누구도 의식하지 못한 채, 아이가 몸으로 경험해야 할 중요한 순간이 소리소문 없이 조용히 줄어들면서 사라지고 있다. 부모가 의식하지 못한 사이 아이와 부모의 스킨십은 점점 줄어들었다. 내 아이를 위해 공들여 해왔던 것들이 사실은 아이와 부모의 관계에서 몸을 제외한 건 아닌지 돌아볼 일이다.

고아원에서 91명의 아이 중 34명이 사망한 충격적인 사건이 있었다. 놀랍게도 A라는 고아원은 깨끗한 시설과 영양가 풍부한 음식을 제공하며, 최고 수준의 환경을 자랑하는 곳이었다. 그런데 무려 34명이 2살 이전에 사망한 것이다. 아이들이 죽게 된 이유는 전염병도, 영양실조도, 학대도 아니었다. 그중 죽지 않고 살아남은 아이들은 생명은 유지했지만 다른 문제를 갖게 되었다. 혈색이 좋지 않고 체중이 줄어들었다. 잘 움직이지 않으며 표정마저 사라졌다. 도대체 A고아원에서는 무슨 일이 있었던 것일까?

반면, A고아원과 사뭇 다른 환경의 B고아원이 있었다. B고아원은 재소자들의 아이를 돌보던, 교도소 안에 있는 보육시설이었다. 이곳은 위생 수준도 낮고 음식의 질도 좋지 않았다. 하지만 이곳에서 사망한 아이는 단 한 명도 없었다.

오스트리아 출신의 정신과 의사인 르네 스피츠는 너무나 다른 두 환경에서 일어난 이 일이 상식으로는 이해하기 어려운 현상이라고 생각했다. 그리고 어떻게 이런 일이 벌어졌는지 연구한 결과 결정적인 한 가지 차이를 발견했다. 그것은 바로 아기들이 느끼는 누군가의 손길, '접촉의 유무'였다.

최상급의 환경을 제공했던 A고아원에는 아기를 안아주는 행동을 최소화하라는 규칙이 있었다. A고아원의 보육자들은 이 규칙에 따라 아기를 잘 안아주지 않았다. 반면, 교도소 보육원에는 아기를 안아주는 행동을 최소화하라는 규칙이 없었고, 아이들은 종종 엄마를 만날 수 있었을 뿐 아니라 보육자들도 시간 날 때마다 아이들을 안아주었다.

연구 결과 A고아원에서 아기의 생명을 앗아간 것은 전염병, 영양실조, 학대가 아니었다. 바로 '안아주는 것을 최소화하라'는 규칙이었다. 아이가 건강하게 성장하기 위해서는 사람들과 접촉하며 따뜻한 체온을 나누는 시간이 절대적으로 필요하다는 것을 증명한 사례였다.

신체 접촉이 아기의 생명을 유지하기 위한 가장 근본적인 것임을 뒷받침해주는 이 연구에서 또 한 가지 눈에 띄는 점이 있었다. 죽지는 않았지만 다른 문제행동을 보였던 A고아원의 아기들이다. 그 아기들은 혈색이 좋지 않았고, 몸이 말라가고, 표정이 없어졌다. 이런 증상은 자폐증, 발달장애 아동이 가진 특징과 매우 유사하다. 자폐증 아동 중에는 젖살 없는 왜소한 아이들이 많다. 혈색이 좋지 않고 눈 밑에 까만 다크써클이 있는 아이들도 흔하다. 표정이 없는 것은 가장 보편적인 자폐 성향 중 하나다.

대개 부모라면 아이에게 영양가 많은 음식을 먹이고 좋은 옷을 입히고 주변환경을 깨끗이 하려고 애를 쓴다. 하지만 그런 부분에 신경 쓰느라 아기를 안아주는 것을 최소화하고 있진 않은지, 아이와 몸을 맞대는 접촉의 시간이 부족한 건 아닌지 생각해볼 일이다.

여기 또 다른 연구결과가 있다. 제임스 프레스콧은 49개의 원시 부족사회를 연구한 학자로, 원시 부족 중에 폭력이 빈번한 사회와 폭력이 덜한 사회의 차이점을 연구하여 발표하였다. 그 결과 아이와 스킨십이 자주 일어나고 포옹과 접촉이 일상화되어 있는 사회일수록 사회 전반의 폭력 수준이 낮았다고 한다.

우리 사회에는 이유도 없고 원인도 모를 범죄와 살인이 일어나고 있다. 같은 반 친구를 따돌리거나 믿기 힘들 정도로 폭행을 가한 청소년 사건도 쉽사리 접할 수 있다. 어린이집, 유치원에서의 아동학대,

가정에서의 가정폭력 등 어디서 어떻게 해결 실마리를 찾아야 할지 모를 정도로 도를 넘은 폭력적인 사건들이 넘쳐난다. 나는 원시 부족 사회의 연구결과를 바탕으로 이러한 일들이 스킨십의 부재, 몸과 몸의 경험 부족으로 인한 것은 아닐지 조심스럽게 추측해본다.

세상에 태어난 아이는 자라면서 자신의 생명을 유지할 수 있는 힘을 길러야 한다. 자신의 생명을 유지하면서 타인의 생명도 알아야 한다. 그러면서 관계를 만들어가야 한다. 그럴 때 기본이 되는 것이 바로 자신의 신체다. 앞선 연구결과에서도 볼 수 있듯이, 생명은 몸과 몸의 접촉에 지대한 영향을 받는다. 이러한 접촉, 스킨십 경험이 없다면 아이는 죽을 수도 있다. 죽지 않더라도 표정이 없어지고, 사람에게 관심이 없는 자폐증이나 발달장애가 되기도 한다. 혹은 어릴 때는 별다른 문제 증상이 없었어도 성장하면서 충동적이고 폭력적인 행동의 소유자가 될 수 있다. 일어나지 말아야 할 일의 가해자가 될 수도 있다.

부모가 먼저 '내 아이의 몸'에 대해 알아야 하는 이유는 너무나 많다. 지금 바로 내 몸을 아이 몸에 접촉할 준비를 해야 한다.

우리 아이들의 몸이 점점 마비되고 있다

잠시, 어릴 적 추억여행을 떠나보자.

어릴 적 했던 가장 재미있는 놀이로 기억나는 것은 무엇인가?

베개싸움, 말뚝박기, 팔씨름, 술래잡기.

난 이런 놀이가 가장 많이 떠오른다. 별이 보일 정도로 눈앞이 핑핑 돌고, 친구들과 온몸 여기저기를 부딪치며 놀았던 기억에 미소가 절로 지어진다. 친구 다리 사이에 내 머리를 넣고, 내 다리 사이에 다른 친구가 머리를 넣는다. 말뚝박기는 어떻게 보면 굉장히 민망한 놀이지만 중고등학교 시절 참 많이도 했던 놀이다. 맨 앞에 서 있는 친구는 허벅지가 아프다고 소리 지르다가도 친구와 눈이 마주치면 재미있어서 깔깔대고 웃었다. 이렇게 서로의 체온을 느끼며 몸과 몸을 접촉했던 놀이는 기억 속에 오래 남아 지금도 그립고 따뜻한 느낌이 든다. 분명 장난감을 가지고 놀 때보다 더 강렬하고 인상적인 기억이다.

또, 어릴 적에 삼촌이나 친한 언니 오빠가 놀아준 기억이 있다면 주로 어떻게 놀아줬는지 기억해보자. 나는 이렇다. 서울구경 시켜준다고 몸을 붙들고 위로 들어줬던 기억, 손잡고 뛰어놀다 같이 넘어져서 마주 보며 웃었던 기억, 삼촌이 나를 만나면 헤드락부터 걸었던 기억, 어린 나를 들고 흔들고 태워주고 돌려줬던 기억이 있다.

머리는 몰랐어도 우리의 몸은 알고 있었다. 그렇게 함께 몸을 부대끼며 아슬아슬하게 하는 놀이가 재미있다는 것을, 그게 우리 몸을 건강하게 하고 뇌 발달을 촉진한다는 것을.

그렇게 우리는 멋스럽고 요란한 장난감이 없어도 건강하게 잘 자랐다. 좁은 방에 옹기종기 모여 살며 몸을 부대끼던 경험이 삶을 살아가는 데 있어 안정된 정서의 기초가 되었고, 사람들 안에서 소통하는 길의 출발점이 되었다.

전통사회와 현대사회 가정의 모습은 어떻게 다를까? 가정마다 개인차가 있겠지만 중산층에 해당하는 보편적인 특징 위주로 비교해보자.

전통사회 가정의 모습	현대사회 가정의 모습
방이 작다. 방이 하나다. 한 방에서 많은 식구가 함께 잠을 잤다. 아이 주변에 늘 사람이 많았다. 특별한 장난감이 없다. 책이 별로 없다. TV가 없다. 스마트폰이 없다. 놀이터가 없다. 앞동산, 뒷동산 주변에 숲이 있었다.	방이 여러 개 있다. 엄마, 아빠, 아이로 구성된 핵가족으로 적은 인원이 함께 생활한다. 아빠가 바빠서 엄마가 독박육아를 하는 경우가 많다. TV, 스마트폰 등 디지털 매체가 많다. 장난감과 책이 많다. 놀이터, 키즈카페 등이 많아졌다.

전통사회에는 특별한 놀이터가 없었다. 산에서 놀거나 개울가, 앞뜰에서 노는 게 다였다. 현대사회는 아파트마다 공원마다 놀이터가 있고, 키즈파크, 키즈까페 등 아이들이 안전하게 놀 수 있는 시설들이 천지다. 다양한 놀이시설 덕에 몸을 움직일 기회가 늘어난 셈이다.

그런데 이상하게도 현대사회 아이들은 전통사회 아이들에 비해 현저히 체력이 약하다고 보고되고 있다. 이런 현상의 원인은 여러 가지로 살펴볼 수 있겠지만 나는 몸놀이의 차이라고 생각한다. 흥미 위주의 단순한 움직임이 아니라, 양육환경에서 사람과 사람이 서로 접촉하고 힘을 느끼며 활동하는 형태의 몸놀이가 면역력, 기초체력을 좌우하기 때문이다.

뇌과학자 데이비드 이글먼은 그의 저서《더 브레인》에서 1963년에 새끼 고양이 두 마리를 대상으로 한 실험을 소개한다. 매사추세츠 공대의 두 연구자 리처드 헬드(Richard Held)와 앨런 헤인(Alan Hein)은 수직 줄무늬가 그려진 원통 안에 새끼 고양이들을 넣었다. 고양이들은 원통 내부에서 원을 그리며 움직이면서 시각 입력을 받아들였다.

그러나 두 고양이의 실험장치에는 결정적인 차이가 있었다. 첫째 고양이는 스스로 걸어서 움직인 반면, 둘째 고양이는 중앙의 축에 연결된 곤돌라를 타고 움직이게 한 것이다. 만일 시각 과정의 핵심이 단지 광자들이 눈에 도달하는 것이라면, 두 고양이의 시각 시스템은 똑같이 발달해야 할 것이다.

그러나 실험 결과는 놀라웠다. 오직 자발적인 몸동작으로 움직인

새끼 고양이만 시각이 정상적으로 발달했다. 곤돌라를 탄 새끼 고양이는 제대로 보는 법을 전혀 터득하지 못했다. 그리고 그 고양이의 시각시스템은 끝내 정상적인 발달 단계에 이르지 못했다. 두 고양이가 받아들인 시각 입력은 똑같았지만, 스스로 걸어서 움직인 고양이(자신의 운동과 시각 입력의 변화를 비교할 수 있었던 고양이)만이 보는 법을 제대로 학습한 것이다. 데이비드 이글먼은 이 실험 결과에 대해 이렇게 덧붙인다. "시각은 온몸이 참여하는 경험이다. 시각을 위해서 아기의 몸동작이 필요하다."

스스로 기어다니거나 걷는 시간은 적고 자동차와 유모차를 타는 아이들, 가만히 앉아서 몸을 움직이지 않은 채 TV나 스마트폰의 시각적 이미지를 보고 있는 요즘 아이들은 어떨까? 이 고양이 실험을 보면서 곤돌라에 태워진 새끼 고양이가 요즘 아이들의 모습과 같다고 하면 내가 과잉해석하는 걸까?

이 시대는 어딜 가나 볼거리가 많은 사회다. 현란한 네온사인, 광고판, 간판, 표지판이 사람들의 시선을 뺏고자 싸운다. 높은 빌딩, 빠르게 움직이는 자동차, 기차, 엘리베이터, 에스컬레이터 등 보지 않고서는 안전을 위협당할 수 있기에 더 잘 봐야 하는 게 이 사회다. 무의식적으로 보는 것들뿐 아니라 영화, 드라마, 유튜브 등 우리는 여가 대부분을 자발적으로 '보기'에 집중한다. 우리 모두 삶의 많은 시간을 보는 것에 빼앗기고 있다.

근대를 만든 '생각한다. 고로 존재한다'는 데카르트의 관점은 이제

'나는 본다. 고로 존재한다'가 되어가고 있다. 보는 것에 의해 생각하고, '내가 본 것'이 '생각'이 되어가고 있다.

이런 사회에 사는 우리 아이들은 어떤가? 아이가 움직이다 넘어져서 다칠까 불안하고 돌아다니다 이것저것 만져서 사고 칠까 염려되는 부모들은 아이를 TV 앞에 앉혀 놓고 손에 스마트폰을 쥐여준다. 수많은 장난감과 빼곡히 채워진 책장 앞에 아이를 데려다 놓는다. 학습과 교육을 위해 경쟁하는 기업들의 시청각 제품과 프로그램들도 역시 아이들을 묶어두고 수동적인 시간을 보내게 한다. 그런 환경에서 자란 아이는 어떻게 될까?

자폐 성향이 있는 아이들의 시선은 산만하다. 이 시선을 똑같이 따라 해보면 정말 정신이 없고 어지럽다. 이 아이들의 시선은 왜 이렇게 빠르게 움직일까? 한곳을 오래 응시하지 못하고, 왜 계속 새로운 '볼 것'을 찾아서 눈을 움직이는 것일까? 시선이 산만하면 집중력이 짧다. 주의력 역시 부족해진다. 자연스레 생각할 시간이 줄어든다. 생각을 아예 하지 못하게 되기도 한다. 그러면 아이는 깊고 폭넓게 사고하지 못하게 되어 주변 상황을 잘 이해하기 어렵게 된다. 자신이 처한 문제상황을 해결할 방법도 찾아내기 힘들게 된다. 생각하지 않으면 언어로 표현할 내용이 없어서 말도 하지 않을 것이다. 우리 아이들이 사고할 기회를 빼앗는 '보는 사회'에 대해 우리는 심도 있게 생각해봐야 한다.

이렇게 보는 사회에서 살아가는 아이들은 자신의 몸을 어떻게 인식할까? 눈으로 평면적인 시각자극만 받아들인 아이의 몸은 겉으로는 문제가 없다. 기능적인 이상을 찾아볼 수 없는 경우가 대부분이다. 하지만 자신의 신체를 입체적이고 다차원적으로 경험하지 못하다 보니 자기 몸의 관절과 근육이 어떻게 기능하는지, 몸 각 부위는 어느 정도의 부피감과 두께를 가지고 있는지 뇌에 신체지도가 형성되지 못한다. 그래서 자신의 몸도 평면적으로 인식하고, 그러한 방향대로 몸을 움직인다.

평면이고 납작한 종이인형을 떠올려보자. 종이인형의 움직임은 어떠한가? 위아래로 팔짝팔짝 뛴다. 앞으로 걸어간다. 앞뒤 좌우로 흔들거린다. 몸의 일부를 흔들고 턴다. 자폐 성향이 있는 아이들의 평상시 움직임과 매우 비슷하다.

우리가 아이들의 몸을 종이인형처럼, 로봇처럼 만들고 있지는 않은지 생각해봐야 한다. SF영화에서나 나오는 아찔하고 무서운 이야기 같은가? 현실과 거리가 먼 다른 세계 이야기로 생각되는가? 하지만 믿기지 않겠지만 지금 이런 일들이 우리 현실에서 당신의 아이에게 일어나고 있다.

아이의 몸을 더 이상 마비시키지 말자. 딱 하루 30분 만이라도 '아이의 몸'에 집중하자. 지금 당장 아이와 함께 몸을 움직여보는 것은 어떨까? 몸을 함께 움직이면 아이의 몸을 유연하게, 감각이 춤추게, 감정이 부풀게 할 것이다.

현명한 부모는 머리가 아니라 몸으로 육아한다

육아는 '肉兒'이고, 양육은 '養肉'이다.

원래 육아는 '아이를 기른다'는 뜻으로 한자로 '育兒'라고 쓴다. 양육은 '아이를 보살펴서 기르게 한다'는 뜻으로 한자로 '養育'이라고 쓴다. 그러나 나는 육아와 양육을 조금 다르게 쓴다. 내 식대로 육아와 양육의 '육'자를 '기를 육(育)' 대신에 '몸 육(肉)'으로 바꾸어 설명한다. '아이는 몸으로 대하고, 아이는 몸으로 길러야 한다'는 의미다.

내가 만든 사자성어도 있다.

양육강식養肉强殖 : 아이를 몸놀이로 기르면 강하게 자란다.

누구나 약육강식(弱肉强食)은 잘 알 것이다. 약한 자는 강한 자에게 먹힌다는 뜻으로, 생존경쟁의 살벌함을 말한다. 야생 동물세계가 보통 그러하다. 그런데 나는 약육강식(弱肉强食)을 살짝 바꾸어보았다.

'약할 약(弱)'을 '기를 양(養)'으로, 먹을 식(食)을 자랄 식(殖)으로 바꾸었다. 그러면 '아이를 몸으로 기르면 강하게 자란다'는 뜻이 된다.

칼과 방패는 단단해야 한다. 그래서 대장장이의 손길에 의해 끊임없이 두드려진다. 세게 두드릴수록 단단한 칼과 방패가 된다. 1450℃의 높은 온도와 5천 기압의 압력을 견뎌야 지구에서 가장 단단한 광물인 다이아몬드가 된다.

내가 이런 얘기를 꺼내는 이유는 칼과 방패, 다이아몬드처럼 아이의 몸이 몸놀이로 강해지는 원리를 설명하기 위해서다. 몸놀이를 하면 서로 만지면서 압박을 느끼게 되고 따뜻한 온도를 느끼게 된다. 그러면서 아이의 몸은 더욱 건강해지고 단단해진다.

나는 하루 8시간 넘게 백여 명의 아이와 몸으로 논다. 주 6일을 일하면서도 1년 넘게 감기 한 번 안 걸리던 나였는데, 이 책을 쓰겠다고 며칠 잠도 설치고 계속 앉아 있었더니 감기에 걸리고 혓바늘이 돋았다. 새삼 몸을 쓰는 것보다 머리 쓰는 게 훨씬 어렵다는 걸 깨달았다.

현대사회에 들어서 육아가 점점 더 어려워지는 이유는 부모가 몸이 아니라 머리로 육아를 하기 때문이다. 몸을 움직이지 않고 앉아서 머릿속으로 생각만 한다면 마음은 불안하고 걱정은 많아지고 진이 빠질 수밖에 없다. '머리육아'가 아니라 '몸육아'로 초점을 옮겨가 보자. 고민이 사라지고 쓸모없는 걱정과 두려움이 사라지면서 육아가 쉬워지는 경험하게 될 것이다.

현대사회는 보는 사회다. 우리의 눈길을 사로잡는 무언가가 늘 존재한다. 길거리의 번쩍이는 간판과 영화와 드라마와 스마트폰이 우리의 눈을 쉬지 못하게 한다. 잠자는 시간을 빼고는 계속 뭔가를 눈으로 보고 있다. 몸으로 다양한 활동을 해서 재미를 느끼기보다는 눈으로 재미있는 것을 찾아 즐기려고 한다. 30~40대 여성이라면 더욱 그럴 것이다. 여행을 가서도 스노쿨링, 윈드서핑과 같은 몸으로 즐기는 활동보다 도심을 거닐며 멋있는 광경을 구경하고 예쁜 쇼핑거리를 걷는 것을 더 선호한다.

하지만 아이들은 이런 방식으로 키워선 안 된다. 몸을 적극적으로 써야 한다. 직접 수영을 하고, 물고기도 만져보고, 낚시도 해봐야 즐거움을 느낀다. 아이가 몸이 커가는 시기는 몸을 활발히 사용할 시기이다. 이 시기에는 적극적으로 몸을 사용하여 체험해야 재미있고 유쾌함을 느낀다. 그러면서 몸도 마음도 튼튼해지고 건강해진다.

아이를 키우는 엄마들은 이미 어른이다. 몸을 사용할 만큼 사용해서 발달이 완성되었다. 즉 감각발달이 다 이뤄졌기 때문에 몸을 움직이는 것이 재미있지만은 않다. 오히려 피곤함과 체력적 한계를 호소하는 사람이 많다. 아이들은 아직 감각발달이 완성되지 않았고 자신의 몸을 어떻게 써야 할지 잘 모른다. 몸을 쓰면서 알아가고 감각이 발달한다. 그래서 아이들은 몸을 많이 움직이고 싶어한다. 문제는 아이가 몸을 움직이면 엄마가 같이 움직여야 하는데, 육아에 지치고 피곤한 엄마는 아이가 가만히 있었으면 한다는 것이다. 그냥 장난감 가지고 한자리에 앉아서 오래 놀기를 원한다.

"돌아다니지 말고 앉아서 그거 가지고 놀아."

"가만히 앉아서 TV 보고 있어."

"얌전하게 책 읽고 있어."

"여기 스마트폰 줄 테니까 뛰지 좀 마."

"아이패드 여기 있으니까 이거 보면서 밥 먹자."

아이가 활발히 걷기 시작하면 엄마들이 흔히 하는 말이다. 이때부터 몸을 쓰기 귀찮은 부모와 몸을 써야 하는 아이 사이에 불통이 시작된다. 아이와 부모가 소통해야 할 시기에 불통이 되면 힘든 시간이 많아질 수밖에 없다. 해결방법은 부모가 몸놀이의 중요성을 알고 몸을 써야 하는 아이와 함께 몸을 써주는 것뿐이다. 아이와의 소통이 수월해지면 자연스럽게 육아가 쉬워지는 경험을 하게 된다.

나도 그렇게 역동적인 사람은 아니다. 책을 보거나 한자리에 앉아서 이런저런 계획을 세우고 생각하기를 좋아한다. 하지만 아이와 있을 때는 아이와 잘 통하는 방법으로 행동이 바뀐다. 과장해서 표정 연기를 하고 "잡으러 간다~ 으허허허" 하고 큰소리로 웃는다. 클럽 한 번 안 가볼 정도로 몸 쓰는 걸 수줍어하지만, 아이들 앞에 서면 개다리춤, 막춤 할 것 없이 쇼를 한다. 물구나무를 서기도 하고, 구르고 점프하기도 마다치 않는다.

내가 이렇게 할 수 있는 게 된 것은 몸놀이의 힘을 믿었고 실제 그 효과를 체험했기 때문이다. 나는 지금 선생님으로서, 치료사로서 어떤 아이와도 금세 친해진다. 몸놀이로 아이들과 소통하기 때문이다. 내가 그동안 해온 것처럼 당신도 할 수 있다. 소중한 아이가 있는 부모라면 누구든지 할 수 있다.

몸으로 전해야 아이는 사랑을 배운다

사랑하면 만지고 싶다. 가까이 가고 싶다. 그렇게 가까워지고 함께 몸을 접촉하고 나면 서로에 대해 더 깊이 알게 된다. 말로 표현할 수 없는 그 이상의 의사소통이 가능해진다. 눈빛만 봐도 상대의 마음을 알 수 있다.

몸놀이 할 때 아이는 정말 이렇게 느낀다.

'엄마 아빠가 날 좋아하는구나! 그러니까 나랑 놀려고 하네. 자꾸 나에게 다가오고 나를 만지는구나. 엄마 아빠 품에 있으니 너무 따뜻하고 좋아. 엄마 아빠는 나와 늘 함께 있고, 나를 사랑해줘. 엄마 아빠랑 노는 게 참 재밌고 좋아. 엄마 아빠는 나와 놀 때 웃고 행복해 보여. 난 엄마 아빠를 기쁘게 해주는 좋은 아이구나. 이 세상은 참 좋아. 행복해.'

그러면서 아이는 사랑의 감정을 알아간다. 어른인 우리도 아직 사랑이 뭔지 어려울 때가 있는데, 가벼운 스킨십으로는 '사랑'의 감정을 알기 어렵다. 지속적으로 함께 몸을 접촉하고 스치고 부대끼는 동안 아이는 '사랑'에 대한 느낌과 감정, 행동을 하나하나 조립하면서 그 의미를 완성해나간다.

사랑, 기쁨, 감사, 행복, 꿈

아이는 이 단어들의 의미를 어떻게 알아갈 수 있을까? 말로 설명해 주면 이해할 수 있을까? 그림으로 보여주면 느낄 수 있을까? 어떠한 방법보다 효과적인 방법은 몸으로 알려주는 거다. 눈을 맞추고 손을 잡고 볼을 비비고 이마를 맞출 때 아이는 더 정확하게 이해한다. 몸을 통해 느끼고 받아들인 것은 삶에서 더 추구하게 된다. 세상을 사랑하고 늘 기쁨이 넘치는 아이, 언제나 감사한 마음으로 꿈을 꾸는 아이가 된다.

문화인류학자 에드워드 홀은 '심리적 거리는 물리적 거리와 비례한다'고 했다. 몸놀이를 할 때 부모와 아이 사이의 물리적 거리는 '0'이다. 그래서 심리적 거리는 '매우 가깝다'이다. 심리적 거리가 가깝다는 것은 그만큼 친밀하고 깊이 소통하고 있다는 뜻이다. 아이와 부모의 심리적 거리는 얼마면 좋을까? 당연히 가까울수록 좋다. 그러려면 가깝게 있어야 한다. 몸을 접촉하여 물리적 거리를 '0'으로 만들어야 한다.

세상에 딱 하나 있는, 똑같이 만들 수도 없는 유일한 가치를 가진 특별한 아이가 바로 내 아이다. 아이들은 모두 다르지만 몸놀이가 필요하지 않은 아이는 단 한 명도 없다. 아이의 가치를 알아가고 소통하기 위해서는 가까이 두고, 자꾸 만지면서 알아가야 한다.

'만지다, 접촉하다, 손을 대다'라는 뜻의 Touch는 '감동시키다'라는 의미도 가지고 있다. 아이를 만지면 감동하게 된다. 아이의 꼬물거리는 손과 작은 발가락을 만지고 있으면 그 존재만으로 감격하게 된다. 아이를 Touch하면 감탄이 절로 나오고, 매 순간 감사하게 된다. 아이를 통해 Touch(몸으로 소통)하면 Touch(감동)로 이어지게 된다.

반면에 Touch(몸으로 소통)하지 않으면 Touch(감동)하기 어렵다. 몸으로 소통하지 않으면 아이의 존재는 엄마의 '일'이 되고 '노동'이 된다. 밥해서 먹여야 하고, 어지럽힌 것을 치워야 한다. 대소변도 갈아줘야 하고 씻기고 옷도 입혀줘야 한다. '일'과 '노동'이 되어버린 육아는 부모에게 감동을 주기보다는 외로움과 우울감을 가져다주기 쉽다.

아이는 부모의 사랑과 감동으로 성장해간다. 아이가 첫 걸음마를 뗄 때, 부모의 큰 박수와 환한 미소는 아이가 일어서서 발걸음을 내디딜 힘이 된다. 부모의 감탄, 감동이 없으면 아이는 낯설고 두려운 세상 속으로 자신 있게 나아가기 어렵다. 이렇게 아이에게는 매 순간 엄마의 감동과 지지와 격려가 필요하다.

육아가 힘들고 버거운 엄마는 아이에게 이런 격려와 지지를 보내기조차 쉽지 않은 것이 사실이다. 그러나 이럴 때일수록 아이를 자꾸 만지고 자주 접촉해보자. 그러면 그동안 보지 못했던 아이의 사랑스러운 순간순간이 눈에 들어오기 시작한다. 육아의 기쁨을 알게 되면 아이와 더 즐겁고 행복한 시간을 함께할 수 있다.

이렇듯 아이와 몸으로 소통하는 과정(Touch)이 있느냐 없느냐에 따라서 아이와 함께하는 시간은 질적으로 엄청난 차이가 있다. 즐겁고 행복한 육아를 꿈꾼다면 지금 바로 몸으로 소통을 시작하자.

예쁜 꽃이 있다. 꽃을 눈으로만 보는 것보다 어루만져보고 향기도 맡아보고 물을 주며 소통할 때 꽃의 아름다움이 더 강하게 다가온다. 무거운 역기가 있다. 반짝거리고 쇠로 되어 있어서 무거워만 보인다. 이 역기의 정확한 무게감과 부피감, 질량감을 알려면 손으로 만져서 들어보고 몸으로 지탱해서 들며 몸의 균형을 잡아봐야 한다. 그러면 어느새 무거워만 보이던 역기가 다르게 보인다.

마찬가지로 아이를 만져보면 알 수 있다. 껴안고 접촉하는 가운데 아이를 올바르게 이해하고 마음으로 소통하게 된다. 그래서 아이를 가장 잘 알 수 있는 사람이 '부모'인 것이다. 아이가 부모와 가장 많은 시간을 보내기 때문이기도 하지만, 가장 많이 접촉하는 사람이기 때문이다. 아이에 대해 더 잘 알기 위해 오늘도 내일도 아이와 접촉해야 하는 것이 부모의 특권이자 의무이다.

건강한 몸놀이를 위한 Q&A

Q 피곤해서 아이와의 몸놀이가 힘들 땐 어쩌죠?

A 침대 위에서 빈둥빈둥 뒹굴면서도 놀 수 있습니다. 몸이 피곤한 날에는 침대 위에 엎드려서 아이에게 엄마 등 위에 올라가서 밟아달라고 해보세요. 엄마 몸이 시원해지는 것은 물론이고, 이런 시간도 아이와 함께하는 놀이가 됩니다. 이런 놀이를 통해 아이는 공헌했다는 느낌을 받습니다. '내가 엄마를 도와줬구나. 내가 엄마의 아픈 몸을 낫게 해주었구나.' 이런 생각에 성취감 이상의 공헌감을 느끼며 뿌듯한 마음이 가득해집니다.

몸놀이는 무조건 아이를 들고, 둘러업고, 돌리는 식으로 힘이 많이 드는 놀이만 해당하는 것이 아닙니다. 신체를 접촉한다는 의미가 가장 중요합니다. 엄마와 함께 누워서 몸을 맞대고 호흡을 느끼는 것, 서로의 체온을 느끼며 함께 있는 따뜻한 기분을 누리는 것, 그러면서 서로 오늘 있었던 일을 얘기 나누는 것도 몸놀이라고 할 수 있습니다. 머리를 쓰다듬고, 몸을 토닥이며 엄마의 마음을 표현해주는 것만큼 좋은 몸놀이도 없습니다.

몸놀이는 힘을 많이 쓰는 놀이만을 뜻하는 것이 아니라 신체와 신체를 접촉하며 하는 상호작용과 의사소통을 모두 포함하는 놀이임을 기억하세요.

Chapter 2

우리 아이 몸을 통해 알 수 있는 것들

몸놀이를 거부하는 아이, 괜찮은 걸까?

'가마니'라는 별명을 가진 아이가 있었다. 쌀가마니의 가마니가 아니다. 너무 가만히만 있고 움직이지를 않아서 '가만히'라고 불렸다. 이 아이는 교실에 들어오면 그 자리에 서서 선생님이 '앉아'라고 할 때까지 계속 서 있었다. 몸은 경직되어 있었고 눈치를 보느라 어쩔 줄을 몰라 했다. 그러다 보니 몸을 쓰는 걸 어색해하고 수저 드는 것도 스스로 하지 않으려고 했다.

이렇게 몸놀이는커녕 몸을 움직이는 것 자체를 좋아하지 않는 아이들이 있다. 이런 아이들은 부모가 안아주면 벗어나려고 몸을 뒤로 젖힌다. 아빠가 비행기를 태워주면 몸부림을 치며 얼굴을 찌푸린다. 엄마가 안고 '사랑해'라고 하는데도 엄마의 눈조차 보지 않는다. 이 아이도 엄마가 꽉 안아주자 엄마를 꼬집고 때리고 엄마의 팔을 이빨로 깨물었다. 그렇게 난리가 난 아이는 엄마가 아무리 달래도 진정되지 않고 30분이 넘도록 울고 짜증을 냈다.

도대체 왜 이러는 걸까?

아이와 부모가 몸놀이를 하는 프로그램을 진행해보면, 첫 시간에 우는 아이들을 볼 수 있다. 소리를 지르고, 악을 쓰고, 뒤집어지는 아이도 있었다. 분명 아이들은 본능적으로 스킨십을 좋아하는데 이 아이들은 왜 이렇게 반응하는 것일까?

부모와 몸놀이 하는 프로그램(터치모아)에 참여하는 아이들은 주로 발달이 늦고, 연령에 맞게 언어가 발달하지 못한 자폐성 장애나 발달장애 진단을 받은 아동들이다. 사람에게 관심이 없고 혼자 놀며 일반 사람들은 이해하기 어려운 문제행동을 하는 아이들도 있다. 그럼 자폐성 장애 아이들이나 발달장애 아이들은 모두 몸놀이를 싫어하는 것일까? 그런 경우도 있지만 그렇지 않은 경우도 있다. 그동안 많은 아이와 몸놀이 해보니 아래와 같은 특징을 발견할 수 있었다.

자폐성 장애나 발달장애 아이들의 특징

1. 익숙한 몸놀이와 스킨십만 좋아한다.

즉, 새로운 것은 싫어한다. 엄마의 무릎에 등을 대고 앉는 건 괜찮은데 가슴과 가슴을 맞대며 마주 보고 앉는 것은 싫어하는 경우가 있다. 업히는 것은 좋아하지만 '떡 사세요'처럼 옆으로 몸이 기울여지는 몸놀이는 싫어했다. 그러면서도 툭하면 안아달라고 한다. 다른 놀이는 없이 그저 안아달라고만 한다. 시도 때도 없이 부모와 할머니, 할아버지가 안아주고, 그 스킨십 이외에 다른 몸놀이는 없었다.

2. 짧은 스킨십만 좋아한다.

엄마에게 와서 몸놀이 하는 것은 좋아하지만 금세 다시 돌아다닌다. 엄마가 비행기를 태워주면 2~3초가량은 재미있어하지만 조금 길어지니 바로 비행기 자세에서 내려와 돌아다니기 시작한다. 엄마가 안아주면 좋아하지만 역시 4~5초 정도 지나면 엄마 품을 뿌리치고 돌아다니기 시작한다. 엄마가 손을 잡아도 잠시뿐이고, 엄마와 나란히 앉아 있는 것도 몇 분을 넘기지 않는다.

3. 부드럽고 약한 스킨십만 좋아한다.

몸의 감각을 많이 사용하지 않는 스킨십을 좋아한다. 손에 물건을 자꾸 쥐고만 있으려고 하고, 부드러운 손수건을 늘 들고 다닌다. 손가락을 빨거나 물건을 자꾸 흔든다. 물만 보면 첨벙첨벙 튕기려고 하고, 물기가 있는 곳에 가서 손으로 물기를 만지작거리는 행동을 하기도 한다. 손을 털거나 두드리는 행동을 한다. 센 힘이 아닌 약하고 가벼운 힘으로 할 수 있는 행동을 한다. 힘주어 안으면 싫어하고, 몸을 누르거나 힘을 주게 하면 강하게 거부한다. 몸이 옆으로 기울거나 발이 바닥에서 뜨거나 하면 울고 떼를 쓰기도 한다.

이런 특징을 가진 아이들은 짧고 단순한 스킨십은 경험했지만, 여유 있게 길게 상호작용하며 소통하는 몸놀이는 적었을 수 있다. 부모가 늘 아이가 원하는 스킨십만 해주었기 때문이다. 편하고 익숙하고 반복적인 형태였고, 그 외에 새롭고 다양한 것으로 확장시켜 주고자 하지 않았을 수 있다.

그러면 이런 질문이 있을 수 있다. 발달에 문제가 생겨서 이런 행동이 보이는 것일까, 아니면 스킨십, 몸놀이 경험을 충분히 해주지 않아서 발달 지연이 일어난 것일까? 안전하고, 아프지 않게만 살살 키운 것이 오히려 독이 된 건 아닐까? 스킨십이 너무 적어서, 발달에 문제가 생긴 건 아닐까? 그럼 몸놀이 경험 양을 늘려주면 이런 발달상의 문제도 해결되는 것은 아닐까?

이에 대한 답은 직접 몸놀이를 해보면 알 수 있다. 나는 15년이 넘는 세월 동안 몸놀이를 연구했고, 효과를 검증했다. 이를 표로 정리하면 다음과 같다.

몸놀이를 좋아하는 아이	몸놀이를 거부하는 아이
사람에 대한 신뢰가 있다. 애착이 안정적이고 성공적으로 형성되었다.	사람에 대한 기본적인 신뢰가 없다. 불안정한 애착관계일 수 있다.
몸을 움직이기를 좋아한다.	정적이고 의욕이 없다.
표정이 밝고 늘 활기차다.	무표정하고, 시선이 불명확하다.
면역력이 좋고, 건강하다.	면역력이 약하고, 병원을 자주 드나든다.
자신감이 넘친다. 뭐든지 자신있게 행동한다.	소극적이고, 몸의 움직임이 위축된다.
적응력이 높고 새로운 것을 적극적으로 탐색한다.	새로운 환경에 적응하는 시간이 오래 걸린다. 낯선 것에 대해 거부감을 표현한다.
타인과 쉽게 관계를 형성하고, 친밀감을 표현할 수 있다. 다양한 놀이를 함께할 수 있다.	사람들 무리에 멀리 있길 좋아한다. 혼자 놀며 주변 사람에게 관심이 적다.
말하기를 좋아하고, 자신의 감정과 생각을 잘 표현한다. 언어발달이 건강하게 이뤄진다.	언어발달이 지연되거나 정말 필요한 말 이외에는 말을 잘하지 않는다.

몸놀이를 싫어했던 아이가 몸놀이를 좋아하게 되면서 자폐 성향이 사라지고 몸이 건강해지는 것을 수도 없이 목격했다. 말을 안 하던 아이가 새로운 말들을 하게 되고, 먼저 자발적으로 와서 말을 걸기도 했다. 눈을 잘 쳐다보지 않았던 자폐성 장애아동이 먼저 와서 눈을 마주치고 함께 놀자고 눈빛으로 의사를 표현했다.

몸놀이를 좋아한다고 왼쪽 표에 기록된 모습에 다 해당하는 것은 아니다. 몸놀이를 좋아하지 않는다고 해서 오른쪽 내용의 모습을 다 갖고 있는 것도 아니다.

하지만 몸놀이를 좋아하고 몸놀이 경험이 지속된다면 당신의 아이는 왼쪽에 해당하는 내용은 기본이고 그 이상의 능력을 보여주게 될 것이다. 몸놀이를 하지 않고 사람과의 접촉이 계속 줄어든다면, 오른쪽 내용보다 더 어려운 발달상의 문제를 갖게 될 수도 있다.

몸놀이를 하다 보면 자연스럽게 신체 접촉이 많아진다. 각 신체 부위가 압박감, 진동감, 통각, 온냉각(온도각), 위치감, 속도감, 회전감, 중력감 등의 수많은 감각을 느끼면 뇌의 작용이 활발해진다. 접촉을 통해 이러한 감각의 문이 열리면 그 감각을 느끼는 것에 재미를 느끼게 된다. 아이는 스스로 더 움직이면서 그 감각을 느끼고, 어떻게 그 감각을 조절하고 경험할 수 있는지 알아가게 된다. 감각을 경험으로 알아가고, 알아가면서 조절하는 능력을 습득하는 것이다. 이것은 아이의 뇌 발달이 촉진되는 중요한 과정이다.

아이들의 뇌 발달이 이루어지는 과정은 눈으로 다 살펴볼 수도 없고, 전문가가 아닌 이상 이해하기가 쉽지 않다. 그런데 아이의 뇌와 감각이 잘 발달하고 있는지 쉽게 알 수 있는 방법이 있다. 아이가 활발하게 움직이고 실수도 하면서 아이다운 모습으로 자라고 있다면 충분히 아이의 뇌는 건강하게 발달하고 있는 것이다. 아이가 애교도 부리고 웃다가 짜증을 내다가 버럭 화도 낸다면, 온몸을 한시도 가만있지 못하고 요리조리 까불기 바쁘다면 건강한 것이다.

아이는 아이다워야 한다. 아이다움이 건강한 성장 과정을 보여주는 대표적인 모습이다. 당신의 아이가 발달이 늦다면 오늘부터 몸놀이를 해보자. 발달이 늦지 않더라도 몸놀이하자. 그러면 아이들은 더 잘 성장하게 된다. 아이와 몸놀이를 해보면 그 영향력을 직접 체험할 수 있다.

몸으로 알아보는 우리 아이 발달사항

윽! 헉! 뜨아!

아이들이 와서 안기고, 매달리고, 덮치고, 기대면 이런 소리가 절로 난다. 갑작스러운 접촉에 놀랄 때도 있고 체중을 실어 올라타는 무게감에 넘어질 것 같아 아찔할 때도 있지만, 나는 아이들의 이런 접촉이 너무나 고맙다.

건강한 아이들은 시키지 않아도 먼저 와서 안긴다. 더 친해지면 몸에 올라타고 업어달라고 한다. 적극적으로 몸놀이에 임하고 수시로 안아달라고 하고, 살을 비비고 접촉하려 든다. 어떤 아이는 안아달라고 울고 보챌 정도로 매달린다. 아이가 상대방에게 마음을 열고 다가가려 한다는 징조다.

아이들의 행동은 아이 스스로 자신의 몸을, 감각을 건강하게 발달하기 위한 노력이라고 볼 수 있다. 아이가 건강하게 자신 자신을 보호하고 성장하기 위한 생존 방법인 것이다. 몸놀이를 하면서 아이는 자기 몸의 능력을 알아간다. 그렇다 보니 이렇게 알아가는 과정이 재미있을 수밖에 없다. 그러므로 아이가 먼저 몸놀이를 요청한다면, 칭찬과 격려를 아끼지 말아야 한다. 아이는 본능적으로 성장하기 위해 힘쓰고 있는 것이기 때문이다.

그래서 몸놀이를 하다 보면 눈에 보이지 않는 부분까지 알 수 있다. 아이의 근력은 어떤지, 이 아이가 활발하게 새로운 환경을 탐색하고 적응해나가고 있는지, 언어가 곧 나올 수 있을지 아닌지, 아이가 주로 관심 있고 받아들이는 자극의 주체는 무엇인지가 보인다. 머리가 아닌 몸으로 알아가면서 머리로도 이해가 가능해진다. 그래서 아이를 잘 알 수 있는 최고의 방법은 단연 몸놀이다.

아이의 몸을 만져서 알 수 있는 몇 가지 팁!

나는 아이들의 몸을 만지면서 아이의 반응과 아이의 행동 특성을 연결해서 이해하려고 했다. 15년간 이어진 경험 속에서 통찰을 통해 얻은 것들을 정리해보았다. 그날의 아이 컨디션이나 기분 상태에 따라서 조금씩 차이는 있을 수 있다. 그렇지만 명심할 것은, 한 가지 반응만 보고 아이에 대해 결론 내지 말아야 한다는 것이다. 아이 몸과 시선, 반응 등을 총체적으로 보는 것이 중요하다.

▶ 얼굴 마사지를 싫어하는 아이

- 안면근육을 많이 사용하지 않았다.

- 표정이 별로 없어서 감정 발달이 미숙할 수 있다.

- 타인의 표정을 보고 의도나 감정을 읽어내기 어려워 화용언어 발달의 지연이 있을 수 있다.

▶ 귀를 막거나 귀를 잡는 것을 싫어하는 아이

- 청지각 발달상의 문제가 있을 수 있다. 익숙한 소리에는 예민하고, 사람의 말소리에는 둔감할 수 있다.(특히 아기 울음소리나 큰 목소리에 거부감을 가질 수 있다.)
- 익숙한 소리만 들으려 하고 혼자 중얼거리거나 특정 소리에 집착할 수 있다.

▶ 코 잡는 것을 싫어하는 아이

- 입으로 들숨, 날숨이 원활하지 않아서 호흡조절을 통해 발성이 어려울 수 있다.
- 코를 풀거나 콧물을 들이마시는 활동이 부족해서 비염이나 축농증이 쉽게 생길 수 있다.
- 후각 발달이 지연될 수 있다.
- 입으로 호흡하는 경험이 적고 구강으로 하는 감각경험이 적어서 편식하거나 씹지 않고 넘기는 식습관의 문제가 있을 수 있다.

▶ 손잡는 것을 싫어하는 아이

- 소근육 발달이 위축되었거나 손 상동행동(常同行動, 같은 동작을 일정 기간 반복하는 것)이 있을 수 있다.
- 아이가 통제된다고 느껴서 거부할 수도 있는데, 통제경험이 적으면 주변상황 파악이 미숙하고 위험요소를 인지하지 못할 수 있다.

▶ 배 주변의 접촉을 거부하는 아이

- 무게중심을 안정적으로 잡지 못해 균형감각 발달이 지연될 수 있다.
- 배에 힘을 주고 소리 내는 게 어려워 말소리가 작거나 톤이 높고 부자연스러울 수 있다.

▶ 눈 가리는 것을 싫어하는 아이

- 시각적 자극에만 의존할 수 있다. 감각 발달의 불균형이 예상된다.
- 시선이 산만하고, 주의집중력이 짧을 수 있다.

▶ 어깨를 만지면 싫어하는 아이

- 배의 근력이 부족할 수 있다. 낯설고 새로운 것에 소극적이어서 몸을 움츠리는 일이 많을 수 있다.
- 허리가 구부정하거나 신체 균형이 깨져 있을 수 있다.

▶ 머리를 만지면 싫어하는 아이

- 신체인식 경험이 부족할 수 있다.
- 자기 몸에 대한 입체적이고 종합적인 인식이 어려울 수 있다.
- 머리 감기, 머리 빗기나 묶기, 머리 자르기를 심하게 거부할 수 있다.

▶ 팔뚝의 근육량이 적은 아이

- 신체활동 부족, 기초생활훈련 경험이 부족하다.(힘을 쓸 일이 적었음)

- 소근육 발달이 지연(작은 힘으로 할 수 있는 제한된 작업능력)된다.

▶ **허벅지가 물렁물렁한 아이**

- 신체활동, 바깥활동 경험이 부족하다.
- 대근육 발달이 지연(작은 힘으로 할 수 있는 제한된 운동능력)된다.

▶ **등을 두드렸을 때 반응이 없거나 반응이 느린 아이**

- 접촉 부족으로 등 부위의 감각신경이 둔감할 수 있다.
- 몸에 가해지는 외부 자극에 대한 경험 부족으로 그 상황에 어떻게 반응해야 할지 모를 수 있다.

▶ **손끝을 누르면 거세게 거부하는 아이**

- 손끝을 충분히 사용하는 소근육 활동이 부족하다.
- 손은 제2의 뇌라고 하는데, 손 사용이 양적으로 부족했고 사용의 방향이 잘못되어 있을 수 있으므로 전반적인 뇌 발달의 지연이 예측된다.

아이의 몸을 눈으로 봐서 알 수 있는 몇 가지 팁!

아이의 발달 문제는 몸에서 시작되고, 몸에서 발견된다. 몸의 움직임이나 몸의 형태를 보면 아이가 몸을 어떻게 사용하고 있는지 알 수 있다. 그날의 아이 컨디션이나 기분 상태에 따라서 차이가 있을 수 있으므로 시간을 두고 관찰해보자.

▶ 눈 밑에 있는 다크써클

- 비염이 있을 수 있다. 축농증의 가능성도 있다. 비강이나 인후에 이물질이 차 있을 수 있다.
- 숨이 차고 헐떡거리며, 호흡이 원활할 수 있는 신체활동이 부족했다.

▶ 쭈글쭈글한 손

- 소근육 발달이 지연되거나 신체순환기능이 원활하지 않을 수 있다. 피부가 탄력적인 것은 신체 내의 순환이 건강하게 이뤄져서 혈액, 수분, 영양이 잘 공급되었기 때문이다. 손이 쭈글쭈글한 한 아이가 있었는데, 손을 잘 사용하지 않았고 부적절한 상동행동을 보였다. 손의 움직임이 필요한 활동을 늘리고 신체 접촉의 양이 늘리자 아이는 손의 주름이 펴지고 탄력 있는 피부로 변했다.

▶ 까치발

- 과잉보호적 양육환경이 의심된다. 스스로 걸어야 하는 시기에 넘어지지 않게 부모가 잡아주고 도와줬을 가능성이 높다. 아이는 넘어지면서 균형 잡는 방법을 알아간다. 균형을 잡아야 하는 상황을 자주 경험하게 해주면 무게중심을 잘 잡아야 하므로 발바닥을 안정적으로 바닥에 붙이며 걷게 된다.
- 보행기를 자주 탔을 가능성이 있다.
- 시각자극추구가 있을 수 있다. 이런 아이들은 빛을 보기 좋아하는데, 빛은 위에 있다 보니 시선을 위쪽으로 두고 몸도 위쪽을 향해 움직이려는 시도를 계속했다면 까치발을 할 가능성이 크다.

▶ 부르튼 입술

- 입술 움직임이 적을 수 있다. 몸을 움직이며 입술을 움직이다 보면 자연스럽게 침을 통해 수분이 입술 주변을 촉촉하게 해준다.
- 언어발달 지연 가능성이 높다.
- 편식이나 식습관의(잘 씹지 않는 등의) 문제가 있을 수 있다.

▶ 콧속에 꽉 차 있는 이물질

- 움직임이 많으면 호흡이 많아지고, 코에 있는 콧물, 코딱지 등의 이물질이 들어가거나 나오면서 자연스레 청소가 된다. 이 과정이 원활하지 않으면 이물질이 계속 코에 차게 된다.
- 호흡량이 적어져서 산소공급이 원활하지 않을 수 있다.
- 입을 자꾸 벌리게 되면서 입안이 건조해져서 충치가 잘 생길 수 있다.

▶ 잘 터지는 실핏줄

- 과잉보호육아가 의심된다. 혈관은 수축, 이완을 반복하면서 탄력적으로 발달한다. 몸에 힘을 적절히 줄 만한 상황과 놀이가 있었으면 혈관은 탄력적으로 발달했을 것이다. 그렇다면 쉽게 실핏줄이 터지지 않는다.

▶ 눈을 위로 뜨는 것, 눈을 왼쪽으로 보는 것

- 시각자극추구. 시각적 이미지를 떠올릴 때 눈이 주로 위쪽으로 향한다고 한다.
- 반복적이고 상동적인 생활패턴. 눈을 왼쪽으로 보는 것은 지나간 과거의 일의

떠올릴 경우가 많다고 한다. 결국, 새롭고 다양한 것들을 탐색하고 받아들이지 않아 발달 지연이 발생한다.

아이와 몸놀이를 함께 해보면 아이가 만지면 과민하게 싫어하는 부위가 있다든지, 잘 못 움직이는 신체 부위가 있다든지 하는 것들을 파악하기 쉽다. 발달 지연이라든지, 건강상의 이상 등은 아이의 몸만 잘 관찰해도 일찍 발견할 수 있다. 그리고 아이가 어릴수록 적절한 대처를 해주면 효과도 좋다. 몸놀이를 아기가 어릴 때부터 꾸준히 해주어야 하는 이유다.

몸의 감각부터 깨워야 뇌가 발달한다

믹서기가 있다. 믹서기에 사과를 넣으면 사과주스가 나온다. 포도를 넣으면 포도주스가 나온다. 토마토를 넣으면 딸기주스와 비슷한 색깔이 나오지만 딸기주스는 아니다. 당연히 토마토주스가 나온다.

콩 심은 데 콩 나고, 팥 심은 데 팥 난다. 뭘 넣었느냐(Input)에 따라 결과(Output)가 다른 것이다. '아이는 몸에서 소통이 시작된다'는 문장을 쓰고 출력하면 그 내용이 프린트돼서 나오게 된다. 아이의 몸도 이와 같다. 아이의 몸은 지금도 계속 새로운 정보를 받아들이고 있다. 스스로 의식하지 못한 상태에서도 많은 정보를 피부를 통해 받아들인다. 받아들인 정보의 양이 많으면 뇌에 저장되는 게 많다. 각 정보가 서로 연결되면서 그 영역은 확장된다. 입력된 정보에 따른 언어와 사회적인 행동이 나온다.

우리는 시각, 청각, 후각, 미각, 그리고 촉각을 통해 늘 신체 주변과 환경의 정보를 받고 있다. 표피를 형성하는 케라티노사이트 하나하나에 촉각 자극 수용체가 있다는 사실을 밝혔고, 거기에 더해 표피 안에도 무수신경섬유(골수가 없는 신경섬유)가 들어 있어 케라티노사이트의 흥분이 그곳으로 전달된다는 것을 발견한 바 있다. 짐머만 박사의 '피부감각'은 환경에서 오는 정보 중 가시광, 음파, 전기장, 기압도 표피가 수용할 가능성이 있다. 그러므로 시각 정보보다 피부로부터 받는 정보가 압도적으로 많다. 피부로부터의 정보는 인간의 행동, 사고 등에 막대한 영향을 끼친다.

덴다 미츠히로, 《놀라운 피부》 중에서

피부로부터, 즉 몸을 통해서 받아들이는 정보가 아이의 인지, 언어, 행동을 좌우한다. 우리는 아이가 인지 능력이 뛰어나고 말도 잘하길 원한다. 아이가 성숙하고 올바른 행동을 하기 바란다. 그렇다면 그에 맞는 정보가 아이에게 Input 되어야 한다.

교토대학의 묘와 세이코 박사는 신생아(생후 1개월까지)의 뇌 기능을 조사하기 위해 외부 자극에 대한 뇌의 반응을 조사했다. 뇌의 어느 부위가 활성화되면 혈중 헤모글로빈과 산소의 결합량이 늘어나 헤모글로빈은 더욱 붉어진다. 다양한 실험을 통해 이러한 변화를 관찰하는 연구였다.

촉각 자극으로는 신생아의 양 손바닥에 진동 자극을 준다. 청각 자극으로는 피아노, 소음, 말을 거는 여성의 목소리를 스피커를 통해 들려준다. 시각 자극으로는 손전등 빛을 사용한다. 이런 자극을 주고 나서 뇌의 활성화를 관찰했다. 그 결과 촉각 자극을 주었을 때 가장 넓은 영역(측두부부터 정수리까지)에서 산소와 결합한 헤모글로빈 양이 늘어났다. 청각 자극을 주었을 때는 측두부의 한정된 영역만 활성화되었고, 시각 자극을 주었을 때는 후두부와 측두부의 한정된 영역만 활성화되었다고 한다.

자극의 종류에 따른 뇌의 활성화뿐만 아니라 성인과 신생아를 비교하는 연구도 함께했다. 성인은 촉각 자극을 받았을 때 '체성감각'이라고 불리는 정수리의 한쪽만 활성화되었다. 하지만 신생아는 한쪽 손에만 촉각 자극을 주었는데도 정수리의 양쪽과 측두부까지 활성화되었다. 신생아 뇌의 발달에 가장 중요한 역할을 하는 자극은 바로 '촉각 자극'이라는 것을 증명한 실험이었다.

이어서 《놀라운 피부》의 저자는 다음과 같이 덧붙였다.

> 신생아는 타고난 뇌의 대부분을 촉각 인식용으로만 사용하며 촉각에 의해 세계를 배워간다. 그 후 촉각으로 배운 세계와 시각이나 청각이 주는 정보 사이의 관계를 연결하는 경험을 늘려간다. 아기가 뭐든 잡고 빠는 이유는 손가락이나 입 주변의 촉각으로 '본 것'과 '형태'의 관계를 만들어가기 때문이다. 특히 매끈매끈하고 부드러우며 따뜻한 엄마의 피부 기억은 성인이 된 뒤에도 다른 사람의 성격이나 사물을 판단하는 데 영향을 미친다.

가만히 있는 동안에도 아이의 피부는 촉감각을 통해서 많은 정보를 받아들인다. 촉감각이 활성화되어 있으면 두뇌 발달은 촉진될 수밖에 없다. 감각이라는 것은 자주 사용하면 활성화되지만 그렇지 않으면 둔감해지거나 마비된다. 그래서 '감각의 문'이라고도 표현한다. 감각의 문이 열리면 감각을 받아들이는 것이 원활해지고, 감각의 문이 닫히면 감각정보를 받아들이지 못하게 된다.

나는 잘 사용하던 컴퓨터가 있었다. 모니터 모서리가 깨졌지만 문서를 작성하는 데는 문제가 없었고 인터넷도 꽤 빠른 속도로 잘 작동했다. 하지만 모니터 보기가 불편해서 어쩔 수 없이 새 컴퓨터로 바꿀 수밖에 없었다. 자연스럽게 새 컴퓨터를 사용하게 되면서 모니터가 깨진 컴퓨터 사용은 줄어들었다. 그러다가 한 달가량은 아예 전원도 켜지 않았다.

한 달이 지났을 즈음 찾아야 하는 문서가 있어서 그 컴퓨터를 다시 켰는데 깜짝 놀랐다. 컴퓨터가 부팅되는 데도 오래 걸렸고, 파란 화면에 알 수 없는 외계어들이 가득했다. 잘 사용했던 컴퓨터였는데 오랫동안 사용하지 않았더니 모든 기능에 문제가 생긴 것이다.

아이의 몸도 마찬가지다. 아이의 몸에는 정말 많은 감각이 있다. 매일 수시로 숨 쉬듯이 그 감각을 사용해야 한다. 아이와 몸으로 접촉하면서 자꾸 그 감각의 문을 열어주고 건강한 정보가 들어가도록 해야 한다. 입력한 게 있어야 출력이 된다. 아이가 받아들인 정보들은 그 모습 그대로 표현되지 않는다. 서로 연결되고 통합되어 Output 된다. 눈으로 본 것과 피부로 느낀 촉감이 통합되어 그림으로 표현된다. 몸을 움직였을 때의 감각과 음악을 들으며 느꼈던 감정이 연결되어 춤으로 나타난다. 그동안 먹어봤던 맛의 기억과 손으로 도구를 다루었던 소근육이 연결되어 맛있는 음식을 요리하게 한다.

지금 당신의 아이에게 Input 되고 있는 것이 무엇일까? 그럼 무엇이 Output 될까?

"아이가 정말 산만해요."

"아이가 말이 너무 느려요."

"우리 아이는 자꾸 하지 말라는 행동만 해요."

이런 고민 이전에 우리가 아이에게 어떤 자극을 Input 했는지 생각해보는 게 먼저다. 우리가 어떤 환경을 아이에게 주고 있는지, 그러한 환경에서 어떤 자극을 받고 있는지 살펴봐야 한다.

TV나 스마트폰을 많이 본 아이는 빛에 많이 반응한다. TV나 스마트폰은 빛이다. 빛을 보고 받아들이는 자극을 많이 받았기 때문에 유사한 빛을 찾으려는 행동으로 이어진다. 형광등을 쳐다본다거나 문손잡이의 반짝거리는 부분을 들여다본다. 불을 껐다 켰다 반복하기도 한다. 손을 들어 흔들면서 빛의 움직임을 만들어내기도 한다.

혼자서 장난감을 많이 가지고 놀았던 아이들은 사물에 대한 경험이 Input 되었다. 그래서 사물 위주의 관심으로 반응이 나온다. 교실에 친구들이 있어도 관심이 적고, 여기저기를 살피며 사물을 구하려고 한다. 그러다가 아무것도 없으면 벽지를 뜯기도 하고, 자기 옷을 물거나 빨기도 한다.

자동차 장난감을 좋아하고 자동차를 많이 타고 다닌 아이들은 기계에 관심을 보인다. 자동차와 비슷하게 움직이는 엘리베이터, 에스컬레이터와 같은 것을 계속 타려 하거나 어떤 물건이든 자동차 정렬과 비슷하게 일렬로 나열하려 한다. 바퀴 돌아가는 것을 보기 좋아하고 혼자서 빙빙 바퀴처럼 돌기도 한다. 자동차 지나갈 때와 비슷하게 눈을 좌우로 흘기면서 고개를 왔다갔다하는 아이도 있다.

책이나 숫자, 글자 카드 등의 평면적 시각자극을 많이 받아들인 아이들은 평면적인 것을 Output 한다. 몸을 움직이기보다는 앉아서 눈으로 보는 것을 더 원한다. 친구와 함께 있는 시간에도 벽에 글씨를 쓴다거나 벽에 비치는 그림자를 계속 본다. 그림 그리는 것은 좋아하지만 입체적인 것, 촉감이 다른 것은 낯설어한다. 평면적인 것을 계속 보려고 한다. 따라서 길거리의 간판, 도로의 표지판, 광고 글씨 등을 보느라 시선이 분주하다.

이러한 Input과 Output에 관한 이야기는 지난 15년간 수업하면서 아이들의 행동과 그 원인을 연구한 결과다. 아이 부모와의 상담을 통해, 그리고 양육환경의 분석을 통해서 알 수 있었다. 아이의 기질과 성향, 주변 상황에 따라 차이는 있을 수 있지만, 아이가 무엇을 보고 듣고 반응했는지 Input 내용에 따라 아이가 행동하고 말하는 Output이 달라진다는 것을 알면 아이에게 좀 더 적절하게 접근할 수 있다.

학습보다 체득이 먼저다

'학습'의 사전적 의미는 '배워서 익히다'이다. '체득'의 사전적 의미는 '몸소 체험하여 알게 됨. 뜻을 깊이 이해하여 실천으로써 본뜸'을 뜻한다.

아이는 몸놀이를 통해 몸의 올바른 기능을 체득한다. 교육열이 뜨거운 한국의 엄마들은 아이가 많은 것을 배우고 학습하기를 원한다. 그런데 체득의 과정이 선행되어야 학습도 잘할 수 있다. 체득을 빼먹으면 아이는 배우는 것이 느리다. 재미를 느끼지 못하고, 금세 포기하게 되기도 한다.

피아노를 배워보면 선생님이 손 모양을 어떻게 해야 하는지, 어느 강도로 건반을 쳐야 하는지 말로 설명해준다. 그런 다음 학생의 손에 선생님 손을 포개어 그 느낌을 알게 해준다. 그러면 자연스럽게 손의 모양이나 치는 방법을 습득하게 된다. 피아노를 어느 정도 배우고 나면 페달 밟는 법을 배운다. 페달은 손으로 친 음을 길게 늘여주는 역할을 한다. 그래서 손으로 치고 나서 엇박으로 페달을 밟아야 하는데 처음에는 이렇게 엇박으로 페달을 밟는 게 잘되지 않는다. 자꾸 손으로 치는 리듬과 같이 페달을 밟게 된다. 이때도 선생님은 발을 학생의 발에 포개어 준다. 학생이 피아노를 연주할 때 선생님은 학생 발 위에서 대신 페달을 밟아준다. 그렇게 여러 번 훈련하면 학생은 선생님 발 아래서 발이 훈련된다. 자연스럽게 페달 밟는 법을 배우게 된다.

발레는 어떤가? 곧은 자세를 계속 유지해야 하는데 배우는 학생이 자세가 흐트러지면 어떻게 할까? 선생님이 '허리 세워'라고 말해주기도 하지만, 조금 더 확실한 방법은 구부정한 허리를 선생님이 뒤에서 감싸 안아 허리를 세우도록 힘을 주는 것이다. 자기 허리가 구부러진 줄도 몰랐던 학생은 등 뒤에 직접 꼿꼿한 몸을 대준 선생님을 느끼며 올바른 자세를 취하게 된다.

나는 초등학교 때 합창단 단원이었다. 합창단 선생님은 계속 우리에게 배에 힘을 줘서 크게 부르라고 말씀하셨다. 말만으로는 아이들이 이해를 못 하니까 다가와서 아이들 배를 손으로 꾹꾹 누르셨다. 예외 없이 내 배에도 선생님의 손이 다가왔다. 배꼽 조금 위를 선생님이 꾹꾹 누르자 배에 힘이 들어갔고 목소리가 더 세게 나왔다. '아, 이래서 배에 힘을 주라고 하셨구나.' 선생님이 배를 눌러주셨던 기억을 되살리며 열심히 노래했던 기억이 난다.

몸놀이를 많이 하면 몸의 움직임과 감각에 대해 더 잘 배우게 된다. 그래서 행동모방도 더 잘하게 되고, 다른 사람의 행동에 숨겨진 의미까지 알아가게 된다. 따라서 교육, 학습, 습득보다 체득이 우선되어야 한다.

아이가 모르는 걸 알아가고 못하던 것을 배워가는 과정은 부모에게 가장 큰 관심사이다. 부모는 늘 아이에게 어떻게 가르칠지 고민한다. 책도 읽어주고, 낱말카드를 보여주며 반복해서 사물 이름도 가르쳐준다. 학습지도 시켜보고, 태권도, 피아노 학원도 보낸다. 그렇지만 새로운 것을 잘 배우는 아이도 있지만 그렇지 않은 아이도 있다. 무엇이 그 차이를 좌우하는 것일까?

배우고 익혀나가는 학습 과정 이전에 먼저 체득의 과정이 있어야 한다. 체득의 과정이 충분히 있었던 아이는 하나를 가르쳐주면 스스로 열을 알아간다. 체득의 과정이 부족했던 아이는 하나를 배우는 데도 몇 배의 시간과 노력이 필요하다.

몸놀이는 체득을 위한 준비운동(Warming up)이다. 수영을 하기 전에는 반드시 스트레칭을 해야 한다. 운동선수가 시합 전에 꼭 하는 것이 준비운동이다. 가수는 무대에 서기 전에 목을 푼다. 피아니스트는 연주를 시작하기 전에 손가락 푸는 주법을 연주한다.

이렇듯 본격적인 활동 이전에는 준비 작업이 필요하다. 운동선수들이 새로운 기록을 경신한다든지, 연주자들이 더 어려운 작품을 마스터하려고 하는 상황에서는 준비운동에 더욱 공을 들인다.

여섯 살 우진이를 처음 보았을 때 아이는 한눈에 보기에도 매우 경직되어 있었다. 시선은 아래를 향해 있을 때가 많았다. 통통한 몸이었지만 친구들과 힘을 겨루는 씨름을 하면 손쉽게 넘어졌다. 닭싸움을 할 때도 다리를 잡고 열심히 균형을 잡으려고 애를 쓰지만, 이리 흔들, 저리 뒤뚱거리며 이내 다리가 풀리곤 했다. 이 아이는 자신의 의사표현을 곧잘 했지만, 자신감이 부족했다.

우진이는 병원에서 발달지체 진단을 받은 상태였다. 내년이면 초등학생이 되는데 아이가 모든 영역에서 학습능력이 떨어지다 보니 부모님의 걱정이 이만저만이 아니었다.

나는 우진이의 둔한 움직임과 어눌한 말투에 주목했다. 우진이는 어렸을 때 크게 한 번 아픈 적이 있었고, 그 이후로 매사에 조심하느라 다양한 경험을 하거나 마음껏 뛰어놀 경험이 턱없이 부족했다. 게다가 우진이 부모님은 책은 많이 읽어주지만 따로 몸놀이를 하진 않는다고 하셨다. 워낙 점잖은 분들인데다가 우진이가 발달이 늦다 보니 조심조심 아기처럼 대하는 면이 있었다.

첫 몸놀이 시간에 나는 우진이가 몸놀이에 흥미를 가지도록 천천히 유도했다. 우진이가 지켜보는 가운데 나는 다른 아이들과 비행기 태우기 놀이를 신 나게 했다. 그러자 그 모습이 재미있어 보였는지 우진이는 슬금슬금 다가오기 시작했고, 작은 목소리이긴 했지만 나에게 말을 걸어주었다. 이 아이에게는 굉장히 큰 용기를 낸 순간이었을 것이다. 난 우진이의 말을 듣고 속으로 생각했다.

'오~ 이 친구! 굉장히 기대되는걸!'

그 뒤로도 우진이는 교실에만 오면 머뭇거리고 어쩔 줄 몰라 했다.

어디에 앉아야 하는지, 가만히 있어야 하는지 움직여야 하는지, 매 순간 교실에서 무엇을 어떻게 할지조차 스스로 판단하기 어려워 보였다.

그러나 아이는 빠른 속도로 몸놀이의 맛을 알아갔다. 매일 교실에 오고 싶어했고, 점점 얼굴에 화색이 돌았다. 우진이는 이 모든 경험이 처음인 듯 몸놀이에 몹시 몰입했다. 그래서 나도 머리를 비우고 아이와 더 신 나게 즐겼다. 함께 몸을 부대끼고 움직이며 하하호호 깔깔깔 웃다가 보면 45분 수업시간이 너무나 짧게 느껴졌다. 그러는 동안에 교실 안에서는 관찰되지 않은 이야기들을 우진이 어머님을 통해서 듣게 되었다.

"선생님! 우진이는 거의 모든 것에 흥미가 없었거든요. 그런데 어제는 제가 설거지를 하는데, 슬그머니 다가와서 제가 하는 일을 한참 보더라고요. 그러다가 제 손에 수세미와 거품들을 보면서 이러는 거예요. '엄마 뭐 해요? 이건 뭐예요?' 이 말에 정말 깜짝 놀랐어요. 정말 기쁘고 마음이 날아갈 것 같았는데, 눈에서는 눈물이 나서 눈물 참느라 힘들었어요. 아이가 설거지를 같이 하고 싶어하는 것 같아서 '설거지 같이할까?'라고 물으니 큰 소리로 '네'라고 대답해서 한 번 더 놀랐어요."

우진이는 눈에 띄게 변화하기 시작했다. 잡기놀이, 말태우기, 윗몸일으키기 등 다양한 몸놀이를 하면서 우진이는 점점 힘도 세지고, 여덟 살이 되었을 때는 또래의 평범한 아이들과 대화가 원활하게 말을 하게 되었다. 나는 우진이가 어린 동생들에게 비행기를 태워주도록 도와주기도 하는 등 다양한 신체접촉의 기회를 주었다. 그러자 점점 우진이의 숨겨진 기질이 드러나기 시작했다.

하루는 높은 두 매트를 사이에 두고 달려와서 한 매트에서 다른 매트로 점프하는 멀리뛰기 수업이 있는 날이었다. 우진이는 자기가 먼저 하겠다고 앞다투어 줄을 섰다. 그래서 1등으로 출발할 기회를 주었다.

우진이는 출발과 동시에 뛰어서 매트에서 점프해서 반대편 매트로 잘 착지했어야 했는데, 그 사이 바닥에 철퍼덕 떨어지고 말았다. 뒤에 이어서 오는 아이들이 매트에서 점프해서 반대편 매트로 잘 착지하자 우진이는 그 모습을 보고 울음을 터트렸다. 표현에 소극적이었던 아이라는 게 믿기지 않을 정도로 바닥을 데굴데굴 구르며 울었다. 수업시간이 끝나고서도 울음을 그치지 못한 우진이는 엄마를 만나서는 이렇게 말했다.

"엄마, 나 잘하고 싶었어요. 1등하려고 했는데…….'

아이는 속상한 마음을 숨기지 않고 잘 표현했다. 소극적이던 아이가 적극적으로 표현하고, 세상에 무관심하던 아이가 1등을 하고 싶다는 욕심을 드러냈다. 미숙한 몸이 발달하자 아이의 마음이 자유를 얻은 것 같았다.

우진이는 올해 초등학교에 입학했다. 엄마의 걱정이 무색하게 일반학급에 진학하여 놀랍게도 학교 수업에 뒤처지지 않는 학습능력을 보이고 있다.

아이들은 매일 새로운 것을 경험한다. 매일 조금씩 더 어려운 것을 시도한다. 대부분 경험해보지 않은 것들이다 보니 어떻게 해야 하는지 잘 모를 수밖에 없다. 그러나 몸놀이를 통해서 워밍업을 한 아이는 새로운 경험을 하는 것이 훨씬 쉬울 수밖에 없다. 쉬우면 재미있어지고 더욱 적극적으로 행동한다. 의욕이 생기고, 호기심과 흥미가 넘친다. 건강하게 성장하게 된다.

 아이에게 가장 좋은 탐구영역은 '몸'

知彼知己白戰不殆(지피지기백전불태).

상대를 알고 나를 알면 백 번 싸워도 백 번 이긴다는 뜻이다. 아이가 이 세상을 살아가기 위해 가장 먼저 알아야 할 것은 자신의 몸이다. 그래야 세상을 더 잘 이해하게 된다.

아이의 몸이 거리를 재는 '자'가 되고, 무게를 아는 '저울'이 된다. 높음과 낮음을 측정하는 기준이 된다. 자기 몸의 기능과 용도를 잘 알고 잘 사용해야 아이는 세상의 물건이나 환경을 올바르게 이해하게 된다.

아이를 키우고 있는 부모라면 오감체험에 대해 많이 들어봤을 것이다. '오감'이라는 말만 들어가도 뭔가 아이에게 좋을 것 같고, 아이 발달에 꼭 필요한 프로그램일 거라고 생각하는 부모가 많다.

오감은 시각, 청각, 미각, 후각, 촉각 이렇게 다섯 가지 감각을 말한다. 그런데 이 오감도 역시 아이 몸 중심으로 시작되어야 한다.

1. 시각

현대사회의 환경은 자기가 아닌 다른 외부의 것을 보게 한다. 그렇지만 성장 과정의 아이들은 자기 몸부터 봐야 한다. 자기 손의 움직임을 눈으로 보며 그 의미를 연결해나가야 한다. 협응이 이루어져야 한다. 옷을 입거나 양말, 신발을 신을 때 자신의 몸을 봐야 한다. 자신의 몸을 보며 치장하고, 꾸미는 놀이를 해야 한다. 다양한 대상으로 변신하고, 왕자공주놀이 같은 역할놀이가 이루어지는 것이 좋다. 엄마처럼 화장하고 아빠처럼 넥타이를 매는 놀이를 하며 자기 자신을 봐야 한다.

또한, 나와 함께하는 다른 사람의 몸을 봐야 한다. 그러면 아이는 자연스럽게 모방하면서 적절한 행동을 습득해나간다. 사회적으로 적절한 행동과 의식을 갖게 된다. 타인과 더불어 살아가는 모습을 알게 되고 그에 맞는 생활습관을 가지게 된다.

2. 청각

내 몸에서 나는 소리를 들어야 한다. 우리 몸은 만져지거나 토닥거려줄 때 다양한 소리를 낸다. 머리를 두드릴 때와 배를 두드릴 때 나는 소리는 다르다. 그 소리를 들으면서 구분할 수 있어야 한다. 우리 몸은 소리를 낼 수 있는 울림통처럼 생겼다. 울리는 소리를 내기 위한 공간이 있다. 그 울리는 부위가 잘 사용되어야 말도 하게 되고 소리도 커지고 노래도 잘 부르게 된다.

박수칠 때는 박수소리를 들어야 한다. 등과 배를 두드리면 북소리가 된다. 중저음의 이 북소리는 사람에게 정서적으로 안정감을 준다.

사람의 말소리를 잘 들어야 한다. 그래야 소통이 가능하고 언어발달도 촉진된다. 또한, 사람의 생각과 감정이 담긴 소리를 들어야 한다. '하하호호낄낄깔깔', '으앙~', '흑흑', '꺼이꺼이', '꺄아~', '아악!' 웃고 울고 화난 소리 등을 들으면서 소리와 사람의 감정을 잘 연결하여 이해할 수 있어야 한다.

꼬르륵 소리, 심장박동 소리, 방귀 소리, 관절 움직이는 소리, 이빨 부딪히는 소리, 살 비비는 소리 등 이 밖에도 우리 몸에서 나는 소리는 매우 다양하다. 이러한 소리를 들으면서 자신의 신체에서 어떠한 일이 일어나고 있는지 조금씩 이해하게 된다. '배가 고프면 소리가 나는구나. 응가 할 때가 되면 방귀가 나오고 그때마다 소리도 다르게 들리는구나' 하고 깨달아간다.

3. 후각

냄새도 내 몸에서 나는 냄새부터 맡고 알아야 한다. 매일 하는 응가 냄새를 알아야 한다. 또 응가가 나오기 전에 더 자주 나오는 방귀냄새도 알아야 한다.

하루는 아침에 세수도 하기 전에 아빠와 몸놀이를 하던 딸아이가 이런 말을 했다. "아빠 입에서 방귀 냄새가 나." 평소 딸과 친구처럼 지내는 남편은 "네 입 냄새도 장난 아니거든? 어우, 입에서 똥냄새 나' 하면서 역공을 했다. 일상 속에서 이렇게 아이의 후각은 발달해간다. 사람 냄새부터 알아야 아이는 아름다운 향기가 나는 사람으로 자랄 수 있다.

한국 사람에게는 마늘 냄새가 나고, 아프리카 사람에게는 양파 냄새가 난다고 한다. 치즈를 많이 먹는 유럽 사람들에게는 치즈 냄새가 난다고 한다. 이렇게 우리의 후각이 사람을 향할 때, 사람을 아는 지혜, 삶을 사는 지식이 풍성해진다. 우리 아이에게 지식과 지혜가 풍성해지는 기회를 아낌없이 주자.

4. 미각

아이는 자신의 신체 맛부터 알아야 한다. 좀 무섭게 들리겠지만, 아이들이 자신의 신체를 맛보는 것은 매우 자연스러운 행동이다. 아이는 수시로 혀를 움직인다. 혀가 움직이면 자연스럽게 입에 침이 돈다. 그러면서 그 맛을 알게 된다. 자신의 손도 빨고, 발가락도 입에 넣어본다. 그러면서 자신의 신체 느낌을 입의 감각으로 알게 된다. 물론 약간 짭짤한 맛도 경험하게 된다. 콧물이 나면 자연스럽게 입에 들어가서 콧물 맛을 알게 되고, 울다가 눈물이 입에 들어가면 눈물이 짜다는 것도 알게 된다. 음식을 씹다가 입안을 깨물어서 피가 나거나 코피가 나면 피 맛도 알게 된다. 아이의 미각 역시 이렇게 몸에서부터 시작되어야 한다.

5. 촉각

우리 몸은 부위별로 촉감이 다 다르다. 배는 말캉하고, 엉덩이는 탱탱하다. 팔꿈치는 딱딱하고 얼굴은 부드럽다. 어깨는 볼록하고 겨드랑이는 오목하다. 등은 단단하고 평평하다. 손가락은 야들야들 날렵하고 발가락은 꼼지락 꼼지락 차분하다.

우리 몸만큼 다양한 촉감을 경험할 수 있는 대상은 없다. 몸의 촉감을 통해서 아이는 자신의 신체를 더 구체적으로 이해할 뿐 아니라, 다양한 촉감을 경험하고 분별하는 능력을 갖게 된다. 아이가 자신의 몸을 먼저 만지고 촉감을 느끼면, 촉감각 발달뿐 아니라 만지는 과정을 통해 감각발달이 촉진된다. 이는 건강한 뇌 발달을 이끌어주게 된다.

한 연구자료에 의하면 한국인 성인 남성의 평균 눈 크기는 가로

3cm, 세로 1.5~2cm라고 한다. 반면에 피부 면적은 A4용지 27장 정도의 넓이라 한다. 물론 아이의 신체는 어른에 비해 작다는 것을 감안하길 바란다. 눈의 면적을 대략 6cm^{2}라고 하자. A4 한 장의 면적이 6,237cm^{2}다. 27장이면 168,399cm^{2}다. 피부의 면적은 눈에 비해서 약 28,000배나 된다. 이것이 뜻하는 것은 무엇일까?

눈으로만 자극을 받아들이고, 눈보다 면적이 28,000배가 되는 피부는 쓰지를 않는다면 피부의 감각은 점점 마비되고 그 기능을 잃게 된다.

피부 감각에 대해서 조금 더 살펴보자. 피부 감각은 피부에 분포된 감각을 받아들이는 감각점에서 통증, 압력, 접촉, 온도변화, 진동 등을 감지하게 된다. 감각점은 몸의 부위에 따라 분포하는 수가 다르지만 온몸에 수없이 존재하고 있다. 아픈 것, 차가운 것, 따뜻한 것, 눌리는 것 등을 받아들이는 감각점의 위치가 다 다르다. 역시 뇌에서 이 정보를 처리하는 부위도 다 다르다. 그만큼 피부를 통해 받은 자극의 양이 뇌 발달의 재료가 되는 것이다. 재료가 많으면 만들 수 있는 게 많고, 할 수 있는 게 많다. 따라서 아이의 뇌가 많은 생각과 상상을 할 수 있으려면 우선 신체 접촉을 통해 피부 감각 자극을 많이 받아들여야 한다.

피부 감각의 성립 경로	피부 자극 → 피부 감각점 → 피부 감각 신경 → 대뇌

피부 감각점은 다음과 같은 특징도 가지고 있다.

- 내장기관에도 감각점이 분포한다.
- 한 감각점에서는 한 가지 감각만 감지한다.
- 감각점이 많을수록 감각을 예민하게 느낀다.
- 온점과 냉점은 특정 온도가 아니라 온도 변화를 감지한다.
- 압각, 냉각, 온각은 자극의 정도가 심하면 통각으로 느낀다.
- 피부에 감각점이 있어 주위의 환경 변화를 신속하게 받아들여 안전하게 생활할 수 있다.

<table>
<tr><th colspan="4">감각의 종류</th></tr>
<tr><td colspan="2">특수감각</td><td colspan="2">시각, 청각, 후각, 미각</td></tr>
<tr><td rowspan="2">일반감각</td><td rowspan="2">몸감각</td><td>표면감각(피부감각)</td><td>촉각, 압각, 온각, 냉각, 통각</td></tr>
<tr><td>심부감각(고유감각)</td><td>관절의 위치와 운동
근육의 신장(근육신전)
힘줄의 장력(힘줄신전)</td></tr>
<tr><td></td><td colspan="3">내장감각</td></tr>
</table>

출처: 네이버 학생백과

아이 몸의 겉은 피부로 덮여 있고, 신체 내부에는 수없이 긴 모세혈관이 지나가고 있다. 그 모세혈관의 길이는 약 9만 5천km라고 한다. 모세혈관과 동맥, 정맥을 포함한 전체 혈관의 길이는 약 12만km라고 한다. 평생 직접 걸어서 가봤을까 싶은 거리만큼의 길이가 우리 몸 안에 있다니 놀랍다. 그 안에서 혈액과 수분, 공기, 영양분이 오가고 있고, 그것이 우리 몸을 이루고 있다.

이렇게 재미있고 신기한 '아이의 몸'이 있는데, 왜 가장 좋은 탐구 영역을 소홀히 하는가? 지금 당신이 좀 더 현명한 부모가 되는 방법은 아주 간단하다. 함께 아이와 몸을 접촉하며, 몸에 관한 이야기를 시작하자.

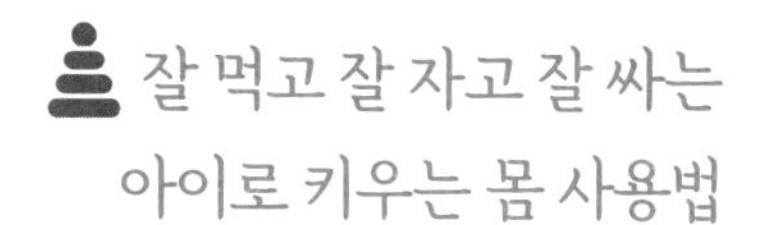

잘 먹고 잘 자고 잘 싸는 아이로 키우는 몸 사용법

'금강산도 식후경이다'는 말이 있다. 아무리 재미있는 일이라도 배가 불러야 흥이 나지 배가 고파서는 아무 일도 할 수 없음을 비유하는 말이다. 하지만 아이에게는 밥보다 몸놀이다. 몸놀이가 먼저다. 몸놀이 경험이 부족한 아이는 밥을 먹어도 잘 소화하지 못한다. 체내에서 영양분을 잘 저장하여 활용하지 못한다. 잘 먹는데도 영양결핍이 되기도 한다. 또는 잘 소화되지 않기 때문에 먹는 것을 싫어하게 되기도 한다. 몸을 움직여 먹은 것을 에너지로 잘 소비해야 건강한 것이다.

몸놀이는 모든 신체 기능을 원활하게 해준다. 이런 몸놀이가 제대로 이뤄지지 않으면 음식을 통해 체내에 영양분을 저장하는 과정에도 문제가 생긴다.

"준서는 갈비뼈로 기타 칠 수도 있겠다."

이런 말을 자주 듣던 한 아이가 있었다. 얼굴이 참 작고 잘생긴 남자아이였다. 그런데 영양이 결핍된 것처럼 기운이 없고 혈색도 좋지 않았다. 걷는 것도 힘이 없어서 비틀거리고, 눈도 멍하게 다른 곳을 보고 있을 때가 많았다. 허리는 양손으로 감싸 잡을 수 있을 정도로 홀쭉했고, 만지면 단단한 뼈가 느껴질 정도로 말랐다.

어머님께 준서가 잘 먹는지, 주로 어떤 음식을 얼마만큼 먹는지 물어보았다. 준서 어머니는 당황스럽다는 표정으로 "진짜 잘 먹어요. 아무거나 잘 먹고요. 먹는 걸 좋아하고, 특별히 가리는 것도 없어요. 양도 어른만큼 먹어요. 그런데도 이렇게 살이 안 찌고 말랐어요"라고 대답했다.

생물이 살아가는 데 있어 가장 기본적인 조건은 몸속에 영양분을 공급해야 한다는 것이다. 영양 축적이 안 되면 세포 분열이 일어나지 않을 뿐 아니라 세포가 사멸하고 만다. 옥시토신은 그 중요한 기능을 하는 데 핵심적 역할을 한다.

옥시토신은 소화 효율을 높여 영양이 잘 축적되도록 하는 소화관 호르몬을 분비한다. 이런 옥시토신은 스킨십과 포옹, 신체 접촉에 의해 분비된다. 즉, 몸놀이를 하면 옥시토신이 분비된다. 아무리 잘 먹어도 몸에서 옥시토신이 분비되지 않으면 체내에서 영양분을 잘 흡수하지 못해 마르고 허약해지게 된다. 실제로 나는 그러한 아이들을 많이 만났다.

아이에게 잘 먹는 것은 참 중요하다. 그런데 그보다 더 중요한 게 있다. 몸놀이를 하면 먹은 것을 잘 받아들일 수 있는 몸으로 바뀐다. 아이의 영양분을 챙기기 이전에 몸놀이부터 하자. 먹은 만큼 잘 흡수하는 몸으로 먼저 만들어놓자.

꿀잠 자는 아이로 키우는 몸놀이

"이제 그만 자자."

"'엄마 불 끈다."

"빨리 안 자면 내일 재미있게 못 놀아."

부모라면 아이와 잠재우기 싸움은 꼭 해봤을 것이다. 아이가 잠을 자지 않으려는 이유는 다음과 같다.

1. 더 놀고 싶어서
2. 피곤하지 않아서
3. 졸리지 않아서
4. 잠잘 땐 엄마가 안 보이니까 불안해서
5. 나쁜 꿈을 꾸는 게 싫어서
6. 성장통으로 몸이 불편해서

아이들은 생각보다 잠자는 걸 좋아하지 않는다. 잠자는 동안은 엄마와 떨어져 있는 것이라 여기기 때문이다. 엄마가 옆에서 같이 잠을 자도 눈을 감고 있어서 엄마가 눈에 보이지 않기 때문에 그렇다. 엄마 냄새라도 맡을 수 있으면 안심하고 푹 자기도 하지만 아직 대상영속성(대상이 눈에 안 보여도 완전히 없어지는 게 아니라는 개념)이 완전하게 발달하지 않은 아이들은 잠자는 것을 싫어하기 쉽다.

아이들은 온종일 실컷 뛰어놀 만큼 놀아서 피곤하고 지쳐서 잠이 드는 것이지 잠자는 게 좋고 자고 싶어서 잠을 자는 경우는 드물다. 그래서 피곤하고 졸려야 된다. 그래야 잠을 잘 잔다. 그런데 몸을 충분히 움직이지 않으면 피곤하지가 않다. 그러면 잠을 자려고 하지 않는다.

아이는 편안하고 안정적일 때 잠을 잘 잔다. 낯선 곳에 가거나 부모에게 크게 혼이 났으면 불안하여 잘 자지 못한다. 어른도 긴장되고 설레고 속상한 일이 있으면 잠이 잘 안 오듯이 아이들도 그렇다. 그런데 아이들은 자신이 왜 잠을 자기 싫은지 언어로 표현하기 어렵다. 그래서 어른인 우리는 그걸 알아차리지 못하고, 아이에게 왜 안 자냐고, 빨리 자라고 자꾸 다그치게 된다.

몸놀이를 하면 몸을 신 나게 움직이게 된다. 단순히 오래 걷는 것보다 훨씬 더 많은 에너지를 소비하고 다양한 신체 부위를 힘 있게 사용하게 된다. 또한, 즐겁고 신나기 때문에 몸 전체의 순환이 역동적으로 일어난다. 몸놀이를 하면 기분도 좋고, 엄마 아빠와 함께 하기 때문에 정서적으로도 안정감을 얻는다. 사랑과 관심을 받고 싶은 욕구가 충족된다. 아이는 엄마 아빠와 제대로 놀았고 깊이 있게 상호작용했다고 느낀다. 즉, '놀만큼 놀았구나'라고 여기는 것이다. 그래서 몸놀이를 충분히 하고 나면 금세 잠이 든다.

부모와 함께 몸놀이 프로그램에 참여한 많은 아이가 변화했다. 몸놀이를 하고 나서 잠을 잘 자고 푹 자고 오래 자게 되었다. 몸놀이 프로그램을 함께하는 어머님 대부분이 이구동성으로 하는 말이 있다.

"집에 가다 뻗어 잠들어요."

"요즘 잠은 진짜 잘 자요."

"원래 자다 중간에 깨고 그랬는데, 요즘은 깨지 않고 쭉 이어서 푹 자요."

센터에 오는 아이 중에 6살 희수라는 아이가 있었다. 걸음걸이가 안정되지 않았고, 걷다가 금세 주저앉기를 반복했다. 낯선 환경에 적응이 어려워 많이 울고, 손을 입에 자주 넣었다. 할 수 있는 말이 전혀 없었고, 고개를 자주 흔들며 알 수 없는 표정으로 사람들을 쳐다보았다. 이 아이는 태어나서 6세가 된 지금까지도 자다가 수시로 깬다고 했다. 아직 어리니 자다가 깰 수는 있지만 희수는 5분, 10분 단위로 깨서 울었다고 했다. 돌봐주시던 할머니는 잠을 못 자서 신경증에 걸려 고생하고 있었다.

엄마는 수소문 끝에 우리 센터를 알게 되었고, 아이는 엄마와 함께 몸놀이를 하는 프로그램에 참여하게 되었다. 처음 한 달은 희수와 엄마 모두 무척 고생을 했다. 몸놀이를 거부하는 아이와 몸놀이가 어색한 엄마는 많은 시행착오를 겪어야 했다. 그런데 두 달 정도 지나 엄마도 아이도 정말 즐겁게 몸놀이를 할 수 있게 되자 놀라운 변화가 일어났다. 6년 동안 10분 단위로 자고 깨고 했던 아이가 이제 7~8시간을 깨지 않고 쭉 자게 되었다. 늘 자다 깨던 희수 때문에 엄마는 습관적으로 자다가 깨서 희수가 잘 자는지 확인해야 했는데, 희수가 잘 자게 되면서 엄마까지 푹 잠을 잘 수 있게 되었다.

아이가 제일 예쁠 때는 언제일까? 바로 잠잘 때다. 아이는 잠잘 때가 가장 예쁘다. 아이는 빨리 자고 충분히 푹 자면서 성장하고, 그동안 부모는 쉬거나 밀린 일을 할 수 있다. 그러려면 몸놀이가 필요하다. 몸놀이를 하면 가장 예쁜 아이의 모습, 잠자는 모습을 빨리, 자주 볼 수 있게 된다.

신진대사가 활발한 아이로 키우는 몸놀이

'우리 아이는 관장을 해야 변을 볼 수 있어요.'

'몰래 베란다 구석에 가서 똥을 눠요.'

'여섯 살이나 됐는데 아직 대소변을 못 가려요.'

한 아이가 있었다. 이 아이는 화장실에 가고 싶으면 '쉬' 한다고 했다. 응가가 마려우면 화장실에 잘 갔는데, 변비가 있는지 변이 건강하지 않았다. 변 보고 나서 뒤를 닦아주면 똥 덩어리 하나가 그냥 휴지에 묻어 나왔다. 움직일 때 몸을 많이 흔들기도 하고, 무게중심을 잘 잡지 못해서 자주 넘어지는 아이였다.

이런 증상을 알고 있는 나는 아이와 몸놀이를 할 때 수시로 배 주변을 눌러주었고, 복부마사지를 자주 해주었다. 허벅지와 배에 힘을 주어야 하는 스트레칭과 윗몸일으키기를 했다. 레슬링, 유도와 같은 몸놀이도 병행했다.

그러자 어느 때부터인가 아이가 화장실에 갔다 온 지 한 시간밖에 안 됐는데 또 가겠다고 했다. 처음에는 수업이 뭔가 마음에 안 들어서 화장실에 가겠다고 핑계를 대는 건가 싶었다. 그런데 얘기를 들어보니 아이가 집에 와서 엄마에게 '배고파'라는 말을 했다고 했다. 그런 말을 한번도 한 적이 없어서 엄마는 많이 놀랐다고 했다. 그 후 일주일은 소변을 보러 화장실에 자주 가고, 하루에 응가를 몇 번씩 했다. 그러다가 점점 정상적 패턴을 찾아갔다.

아이에게 이런 변화가 일어난 것은 무엇 때문일까? 바로 몸놀이를 통해 내장감각의 경험이 많아졌기 때문이다. 소변 마려운 것도 더 잘 느끼게 되었고, 대변 볼 때도 배에 힘이 더 잘 들어가서 쾌변을 했다. 배가 고픈 것도 느끼게 되어 언어 사용으로 이어졌다. 몸놀이가 내장의 감각을 더 잘 알아채고 그에 맞게 행동과 언어로 적극적으로 표현하도록 도왔다.

때가 되면 기저귀를 떼고 스스로 화장실에 가야 하는 게 자연스럽건만, 뭐가 문제인지 변을 잘 보지 못해서 배에 가스가 차 응급실을 찾는 아이들이 많다. 매번 변을 볼 때마다 관장하고, 너무 참아 변이 딱딱해져 손으로 파내야 하는 아이도 있다.

이 아이들의 부모는 종류별로 유산균을 다 먹여봤다고 했다. 장에 좋다는 고구마나 바나나를 먹이려 해도 편식이 심해 먹지 않는다고 한숨을 쉬었다. 잘 먹는 것만큼 잘 싸는 것도 중요한데, 잘 싸지를 못하니 점점 배가 더부룩해진다. 배가 불편하니까 먹기 싫어하고, 잘 먹던 아이도 장에 문제가 생기면서 식습관이 무너지기도 한다. 악순환이 되풀이된다.

이런 아이들과 몸놀이 할 때는 유독 깜짝 놀랄 일이 많다. 몸놀이가 시작되면 '빡~!' '뿡~!' 엄청난 방귀를 뀐다. 소리에 놀라고, 그 냄새에 한 번 더 놀라며 하하호호 웃으며 수업이 이어지곤 한다. 몸놀이를 통해 배가 자극을 받으면 장이 움직여 필요한 작용을 하면서 가스가 밖으로 배출되는 매우 자연스러운 현상이다.

호준이라고 4살 남자아이가 있었다. 이 아이는 등원 시에 어머님께서 늘 약을 챙겨주셨다. 변비약이라고 이야기하셨고, 점심 먹고 나서 꼭 먹여달라고 하셨다.

'왜 어린아이에게 매일 변비약을 먹이지?' 의구심이 들었다. 나는 호준이와 더 많이 신 나게 몸놀이를 해주었다. 그러고 이틀이 지나자 호준이 어머님은 변비약을 보내지 않으셨다. 변이 묽어져서 이제 안 먹여도 된다고 하셨다. 호준이는 꽤 오랫동안 변비약을 먹었다고 했는데, 몸놀이 하며 보낸 이틀만에 바로 변비약을 끊게 되었다. 몸놀이의 효과를 한 번 더 확인한 순간이었다.

여섯 살 된 딸아이는 엄마와 대화하기를 좋아하지만 몇 가지 싫어하는 말이 있다. 바로 "피곤해?", "졸리지?"이다. 엄청나게 피곤해도 아이는 절대 피곤하다고 하지 않는다. 졸려서 눈을 비비고 눈꺼풀이 거의 내려앉아 있는데도 안 졸린다고 한다. 피곤하다고 하면 놀지 말고 쉬라고 할까 봐, 졸린다고 하면 그만 놀고 자라고 할까 봐 안 피곤하고 안 졸린다고 하는 것이다.

아이는 노는 게 쉬는 거다. 안 놀고 있는 게 더 참기 힘든 훈련이고, 그것보다 더 고단한 일이 없다. 노는 것만큼 아이의 몸과 마음을 편안하게 하는 게 없다. 스트레스가 사라지고 걱정과 불안이 없어지는 게 아이의 놀이다. 그중에 단연 몸놀이가 최고다.

아무리 피곤하고 졸려도 아이에게는 쉬는 것보다 몸놀이가 더 중요하다. 열이 펄펄 나도록 아파도 몸놀이를 하겠다고 달려오는 게 아이들이다. 정말 제대로 엄마 아빠와 몸놀이를 하고 나서 몸도 마음도 편안해지고 엄마 아빠의 사랑과 관심을 충분히 받았다고 느끼면 그때 아이들은 누워서 뒹굴뒹굴 생각에 빠지고, 차분히 앉아 있을 수 있는 힘이 생긴다.

몸놀이를 많이 하면 아이가 너무 피곤해서 잠을 못 잘까 봐, 체력이 달려서 병이라도 날까 봐 걱정하는 부모님들이 있다. 최근 연구결과에 따르면 아이들은 국가대표 선수보다 체력이 좋다고 한다. 프랑스 클레르몽 오베르뉴 대학 등 국제 연구진은 아이들이 지치지 않고 노는 이유가 운동선수들과 같은 수준의 에너지를 지니고 있기 때문이라는 흥미로운 연구 결과를 발표했다. 8~12세 소년 12명과 19~23세 일반인 남성 12명, 그리고 19~27세 지구력이 강한 운동선수 13명이 지닌 에너지 수준을 비교 분석한 연구였다.

그 결과 아이들은 일반 성인 남성은 물론 국가대표 수준의 운동선수들보다 지치지 않고, 운동하고 나서도 더 빨리 회복하는 것으로 나타났다. 세바스티앙 라텔 박사는 "아이들은 심혈관 기능이 성인들보다 제한돼 있고 운동 패턴도 덜 효율적이며 주어진 거리를 이동하기 위해 더 많은 페달을 밟아야 하므로 성인들보다 일찍 지칠 수도 있다"면서 같은 조건에서 아이들은 더 많은 체력이 필요함을 언급했다. 그러면서 "이 연구는 아이들이 피로에 강한 근육이 많고 고강도 운동에서 매우 빠르게 회복하는 능력을 통해 이런 한계를 극복했음을 보여준다"고 말했다.

부모보다 더 좋은 체력을 가진 아이들이다. 가진 체력만큼 그 체력을 적절히 쓰도록 해주어야 한다. 그 체력만큼 몸놀이를 하고 활동하다 보면, 휴식이 필요할 때 아이 스스로 휴식을 취하는 모습을 볼 수 있다.

건강한 몸놀이를 위한 Q&A

Q 아빠의 짓궂고 과격한 몸놀이, 괜찮을까요?

A 몸놀이는 아빠와 하는 것이 훨씬 좋습니다. 지난 3년간 '아빠와 함께하는 몸놀이'를 진행하고 있는데요. 진행할 때마다 매번 깜짝 놀랍니다. 바로 며칠 전 엄마와 몸놀이 할 때와 정말 다른 반응을 보여주거든요. 거의 대부분 아이가 달랐어요. 더 즐거워하고 높은 집중력을 보이면서 힘든 것도 더 시도해보려고 합니다. 표정이 다르고 자신감이 엿보이는 모습의 아이들을 볼 수 있었습니다.

아빠와 하는 몸놀이 수업을 하고 나면 무엇보다 어머님들이 굉장히 좋아합니다. 일단 그 후 아이가 아빠에게 먼저 다가가고 아빠와의 놀이를 더욱 즐거워하고 아빠와 함께하는 시간도 길어지니까요.

아빠 몸놀이 = 엄마 몸놀이 x 3

아빠 몸놀이 효과는 엄마 몸놀이의 3배 이상입니다. 엄마가 노력한 시간과 노력에 비해 1/3만 노력해도 그 효과는 대단하지요. 사랑하는 아내를 도와주고 싶다면 무엇보다 아이와 몸놀이를 해주세요. 엄마가 30분 할 것을 아빠가 10분만 해줘도 아이는 더욱 건강해지고, 가족 모두가 행복해집니다.

"가끔은 아빠가 큰마음 먹고 몸놀이를 해주는데, 처음에는 분위기가 좋다가 나중에는 꼭 아이가 울면서 끝나요. 도대체 애아빠는 왜 이러는 걸까요?"라는 분들이 있습니다.

그럴 때는 한번 상상해보세요. 아이와 아빠가 놀다가 아이가 운다. 그때 어머님께서 아버님께 왜 그러냐고 뭐라고 한다면 아버님의 반응은 어떨까요? "그럼 당신이 알아서 해. 난 가서

TV나 봐야겠다"며 '에라 모르겠다'는 식으로 방으로 들어가게 되겠죠. 결국 아이와의 놀이는 또 엄마 몫이 되는 것이지요.

엄마와 아빠는 완전히 다른 사람입니다. 성별도 다르고, 성격과 생각도 다릅니다. 그러니 아이가 반응하는 방식도 다를 수밖에 없습니다. 엄마 입장에서 바라보면 아이와 아빠의 놀이가 썩 마음에 들지 않는 건 당연할 수 있어요.

아이는 놀이를 할 때 자기중심적일 때가 많습니다. 내가 무조건 이겼으면 좋겠고, 내가 원하는 대로 진행되었으면 합니다. 아이와 엄마는 상대적으로 소통이 더 잘되기 때문에 엄마는 되도록 아이가 원하는 대로 해주게 됩니다. 일부러 져주고, 원하는 대로 다 맞춰줍니다.

그런데 보통의 아빠는 조금 다릅니다. 아이에게 짓궂은 장난도 치고 싶고, 아빠가 즐겁다면 아이 장난감을 내 장난감처럼 사용합니다. 아빠는 아이를 위한 놀이도 중요하지만 본인 자신이 즐거운 놀이로 시작합니다. 그런 놀이는 아이 중심이 아니어서 오히려 아이의 사회성 발달, 자기조절능력 향상에 도움을 줍니다.

그래서 아빠 놀이를 많이 경험한 아이는 또래 관계에서 벌어지는 여러 가지 상황에 더 잘 대처하는 선능력을 갖추게 됩니다. 친구들은 모두 내가 원하는 대로 해주지 않습니다. 내 것을 뺏기도 하고 나를 불편하게도 합니다. 친구들과 있을 때는 매번 나만 이길 수 없습니다. 친구들은 나를 놀리기도 하고 장난도 많이 칩니다.

아빠와 아이의 놀이시간에 엄마는 잠시 바깥바람을 쐬고 오는 게 어떨까요? 엄마가 눈에 안 보이면 아이는 아빠스타일의 놀이에 좀 더 적극적으로 적응하게 됩니다. 엄마가 있으면 놀다가 울며 엄마에게 도움을 청합니다. 그러나 엄마가 없으면 아이는 아빠에게 좀 더 의존하며 상호작용을 합니다. 조금 불편한 것도 참아보려고 합니다.

전 결혼한 지 5년이 조금 넘었습니다. 매일 저녁 9시가 되면 이렇게 외칩니다.

"아빠 타임!" 남편과 딸이 함께하기로 약속한 시간입니다. 제 딸아이가 30분간 아빠와 노는 시간입니다. 이렇게 정착하기까지 쉽지 않았습니다. 2년 전 어느 날, 남편에게 울면서 호소하여 따낸 것이 바로 '아빠 타임'이었습니다. 하루 30분 약속된 시간에 아빠가 아이와 놀아주기로 한 지 2년여가 지났습니다. 이전부터도 아빠를 좋아하는 딸아이였지만, 지금은 아빠가 있으면 엄마가 바빠도 괜찮다고 할 정도로 아빠를 좋아합니다. 무엇보다 엄마인 제가 내 시간을 가질 수 있어서 정말 좋습니다.

아빠와의 놀이시간, 엄마는 잠시 집이 아닌 곳으로 다녀오세요. 그 사이에 아이는 아빠와 조금 더 동등한 위치에서 조금은 더 불편한 놀이를 경험하게 될 것이고, 점차 그러한 놀이에 흥미도 갖게 됩니다. 아빠가 좋아지고, 아빠와의 놀이시간을 더 찾게 될 것입니다.

Chapter 3

효과만점 몸놀이 육아의 비밀

하나를 알려주면 열을 알게 하는 신체조절력

몸놀이는 우리의 뇌가 가장 좋아하는 놀이다. 몸놀이를 하면 뇌는 열심히 일하고 즐거워한다. 몸놀이를 하는 동안 뇌에서는 보물지도가 그려진다. 몸놀이 한 번 한 번이 쌓여서 완성된 보물지도는 아이가 자신의 몸을 잘 쓸 수 있도록 돕는다. 내 몸 구석구석을 어떻게 잘 활용하고, 어떻게 몸을 잘 조절할 수 있는지 빠르고 효과적인 지름길을 보여준다. 몸의 내비게이션이 만들어지는 것이다. 그렇게 아이의 잠재력과 능력의 길을 보여주는 보물지도(신체지도)가 생긴다.

이 보물지도는 아이의 재능, 특기를 살리는 길을 보여준다. 부모는 이 보물지도를 통해 아이가 음악을 하는 게 좋을지, 운동하면 잘할지, 적성에 맞는 게 공부인지, 미술인지를 분별할 수 있다.

뇌는 신체를 조절할 수 있는 기능을 가지고 있다. 사람은 태어날 때부터 그 능력을 갖고 태어나지만, 처음부터 신체를 완벽하게 조절할 수 있는 것은 아니다. 자극과 경험을 통해서 발달해간다. 좀 더 정확하게, 세밀하게 신체를 조절하기 위해서는 몸을 많이 움직여야 한다. 그래서 몸놀이가 필요하다. 신체를 다양하게 사용하고 많이 움직여서 여러 감각을 통해 그 느낌을 알아가야 한다. 그러면 뇌에 건강한 신체지도가 형성된다. 이 신체지도는 어떤 동작에 이르는 처리 과정이다. 몸을 더 적극적으로 움직이면 그 처리 과정은 속도가 붙고 지름길이 생긴다. 지름길이 많이 생긴 뇌는 민첩하고 섬세한 동작을 이끌 수 있다.

나는 스트레스 시에 위장장애를 자주 겪는다. 밀가루 음식을 자주 먹었거나 산이 많은 음식을 먹으면 배가 아프다. 중요한 강연을 앞두고 있거나 신경이 예민해지는 상황에서는 소화가 잘 안 되고 배에 통증을 느낀다. 좀 더 정확히 이야기하면 '위'가 아픈 것이다. 배에는 위, 소장, 대장 등의 내장기관이 모여 있는데, 여러 번의 통증을 겪은 나는 배가 아플 때 여러 기관 중 '위'가 아픈 거라는 것을 알게 되었다. 그래서 위가 아픈지 장이 아픈지 구분할 수 있고, 위의 위치가 어디인지 정확히 손으로 가리킬 수 있다.

잠시 김연아 선수 이야기를 하겠다. 김연아 선수가 공중에서 7번의 회전을 한다고 하자. 우리는 흉내를 낼 수도 없지만 흉내를 내보려고 한들 공중에 뜨지도 않는다. 혹 공중에 떠서 회전한들 한 바퀴를 돌았는지 두 바퀴를 돌았는지도 알기 어렵다. 회전보다는 점프 즉시 막강한 중력에 의해 바닥에 떨어지기 바쁠 것이다. 김연아 선수는 수없이 공중에 뜨면서 높이에 대한 정보, 회전하면서 몸이 얼마큼 돌았는지에 대한 정보를 뇌에 입력했다. 그 과정에서 김연아 선수의 뇌에는 공중에서 회전하는 신체지도가 형성되었다. 그래서 어느 높이에서 몇 바퀴 회전 중인지 김연아 선수의 뇌는 잘 알고 있다.

김연아 선수처럼 공중회전을 시도해본 사람은 많지 않겠지만, 동네 운동장에서 공을 차며 움직여본 적은 있을 것이다. 이렇게 공을 한 번이라도 차본 사람의 뇌는 '발로 공을 찬다' 정도의 단순한 정보를 가지고 있다. 하지만 이동국 선수와 같은 축구선수의 뇌에 형성된 신체지도는 다르다. 발모양을 어떻게 해야 원하는 방향으로 가는지, 공을 세게 찰 때는 몸의 무게중심을 어느 곳에 두어야 하는지, 어디에 힘을 주어야 하는지, 원하는 대로 공을 찰 수 있는 신체지도가 형성되어 있다.

신체지도가 잘 형성된 사람 중에 이 사람을 빼놓을 수 없다. 바로 '통아저씨'다. 통아저씨는 그물을 없앤 테니스라켓을 몸에 껴서 위에서 아래로 통과하고, 좁은 상자에도 참 잘 들어간다. 아무리 좁은 공간이어도 어떤 위치에 어떻게 몸을 구부리고 움츠려야 들어갈 수 있는지 알고 몸을 끼워 넣는다. 테니스라켓을 통과할 때도 그렇다. 통아저씨 몸에 라켓이 정말 꽉 끼었다 싶은 순간, 통아저씨는 몸을 움직이고 틈을 만들어 라켓에서 쑤욱 빠져나온다. 통아저씨 뇌에서는 어떤 구멍이나 공간을 보면 급속도로 이런 처리 과정이 이뤄질 것이다.

'이 구멍은 내 허벅지 굵기보다는 넓고, 내 허리 정도는 들어갈 넓이가 되겠군. 이 상자에는 일단 다리를 먼저 구겨서 넣고 몸을 옆으로 비틀어서 넣은 다음에 목을 아래를 꺾어서 넣으면 들어갈 수 있겠어.'

몸을 잘 쓰는 사람들의 신체지도는 4D로 그려진 첨단 지도 같다. 이 지도에는 길의 방향과 건물의 위치와 높이와 모양, 길을 잇는 곳의 환경과 주변 상가들 등이 세세하게 나와 있다. 실시간 어느 길이 막혔는지, 왜 막혔는지 알려준다. 막힌 길 대신 어느 길로 가야 하는지도 알려준다.

이렇게 4D 첨단 지도 같이 잘 형성된 신체지도는 몸이 좋지 않을 때 어디가 막혔는지, 피가 어디서 잘 통하지 않는지도 파악한다. 두 손이 묶이게 됐다고 상상해보자. 신체지도가 잘 형성된 사람은 밧줄을 풀려면 손목을 어떻게 돌릴지, 팔을 움직여 어느 방향으로 움직여서 풀 만한 공간을 만들 수 있을지 알 수 있다. 그뿐만 아니라 배가 아프면 손을 따야 하는지, 등을 두드려야 하는지, 배를 마사지해야 하는지 방법도 찾을 수 있다.

그런데 신체지도가 잘 형성되지 않으면 내 몸을 내가 잘 모르게 된다. 구역의 경계도 명확하지 않고 모호하다. 여기에서 저기로 어떻게 가야 하는지, 길이 어디로 향해 있는지 알기가 쉽지 않다. 발달이 느린 아동 중에는 분명 열이 나고 토하기도 하고 많이 아픈데 정확히 어디가 아픈지 모르는 경우가 있다. 음식을 잘못 먹고 체해서 배가 아픈데도 머리가 아프다고 한다. 머리에 열이 나서 머리가 지끈지끈하는데 목이 아프다고 한다. 결국, 뇌에 신체지도가 연령에 맞게 잘 형성되지 않으면 발달상의 지연을 일으키고, 발달장애가 되기도 한다.

몸을 통해 정보를 많이 얻게 되면, 자연스럽게 뇌에 내 몸의 신체지도가 생긴다. 그래서 내 몸을 직접 보지 않아도 내 머리 어느 정도 아래에는 어깨가 있고, 내 팔길이는 어느 정도라는 걸 안다. 계단을 오를 때, 계단 높이에 따라서 다리를 어느 정도 올리고 내려야 하는지 신체지도에 의해 뇌는 자연스럽게 몸을 조절한다.

어린아이가 계단을 내려올 때 흔들리고 넘어지기도 하는 것은 아직 뇌에 신체지도가 형성되지 않아 뇌가 빠르게 계단 오르내리기 과정을 잘 처리하지 못하기 때문이다. 하지만 수없이 계단 오르기를 경험한 어른이 되고 나면 머릿속에 신체지도가 있어서 자신의 몸을 거뜬히 조절한다.

이런 과정을 담당하는 감각이 있다. 바로 고유감각, 또는 고유수용성 감각이다. 이 감각은 쉽게 말하면 '눈을 감고 있어도 내 팔이 어디 있고 어떻게 하고 있는지, 내 발가락이 어디 있고 어떤 자세를 취하고 있는지 아는 것'이다. 근육과 힘줄, 관절 등에 있는 수용기들이 관절의 각도, 근육의 장력과 길이에 관한 정보를 제공하게 된다. 그 정보들이 쌓이고 정보가 서로 연결되어 뇌로 하여금 몸의 자세를 상세히 파악하고 신속히 조절할 수 있게 해준다.

아이는 자기 신체를 중심으로 세상을 알아간다. 즉 내 몸을 중심으로 인지가 발달한다. '크다, 작다, 높다, 낮다, 넓다, 좁다' 등의 개념은 지극히 상대적이다. 기준이 있어야 한다. 기준이 있어야 한 대상을 두고 큰지 작은지 이해하고 말할 수 있다. 마찬가지로 내 몸에 대한 정확하고 올바른 인식이 있어야 내 몸을 세상을 알아가는 기준으로 삼을 수 있다.

크다	내 키보다 큰 것. 내 손이 닿지 않을 정도로 높은 것. 내 손으로 잡을 수 없는 것.
작다	내 키보다 작은 것. 내가 내려다보게 되는 것. 내 손으로 잡을 수 있는 크기의 것.
높다	내가 다리를 들어서 넘어가기 어려운 것. 내가 손을 높이 뻗쳐도 닿지 않는 곳.
낮다	내가 다리를 들어서 넘어가기 쉬운 것. 내 몸을 숙여야 들어갈 수 있는 곳.
넓다	내 몸이 들어가기에 공간이 남는 것. 내가 많이 뛰고 달려서 탐색해야 하는 곳.
좁다	내 몸이 들어가기에 공간이 부족한 것. 내가 뛰고 달리면 금방 탐색되는 곳.
길다	양팔을 벌려도 끝까지 잡기 어려운 것. 내 다리를 넣었는데, 다리보다 긴 것.(바지 등)
짧다	내 손바닥 안에 들어오는 것. 내 팔과 다리보다 짧은 것.(여름옷 등)

어릴 적 계단 난간에 머리가 끼여서 119 응급대원을 불렀다는 경험담을 종종 듣는다. 아이들은 세상을 끊임없이 탐색하며 자기 신체의 어떤 부분과 크기가 같은지, 다른지 구별하면서 알아간다.

콩을 보면서 아이들은 생각한다. '어? 내 콧구멍 크기랑 모양이랑 비슷하네. 내 콧구멍에 들어가겠다. 넣어봐야지.' 그래서 실제로 코에 콩을 넣었는데 콩이 불어서 수술을 해서 빼내거나 그 때문에 코뼈에 문제가 생긴 아이도 있다. 전기 콘센트 구멍을 보면 왠지 손가락이 들어갈 것 같은 크기라 아이들은 자꾸 손가락을 넣어보려 한다. 택배상자를 보면 내 몸이 들어갈까 싶어서 쏙 들어가 본다. 티슈 상자를 보면 신발 크기와 비슷해 보여서 발을 집어넣어 보기도 한다.

이런 개념을 '인지발달'이라고 부른다. 사람들은 이런 개념을 잘 이해하지 못하는 아이를 보면, 지능이 떨어지거나 교육이 부족하다고 여긴다. 애가 탄 엄마는 여러 가지 교육법을 찾아 아이에게 이것저것 시키기 시작한다. 하지만 이런 인지적 개념을 종이로 된 그림이나 책으로만 배우면 하나 가르치면 하나만 알게 된다. 하나 알려준 것도 이해하지 못할 수 있다. 하지만 몸놀이를 통해 자신의 신체를 충분히 경험한 아이는 다르다. 하나를 보여주면 10개, 100개를 스스로 깨달아간다. 이미 그것을 이해할 수 있을 만한 몸의 감각적 경험이 많기 때문이다.

아이는 이렇게 몸을 중심으로 활발하게 탐색할 때 의식하지 못할 정도로 빠르게 깨달아간다. 곧 인지능력이 발달한다. 몸놀이를 하면 할수록 이 과정이 활발해진다. 사고력과 인지능력이 확장되는 것이다.

우리 신체는 외형적으로 머리, 몸통, 팔다리 이렇게 간단해 보인다. 하지만 사람의 신체는 이보다 훨씬 복잡하고 정교하다. 셀 수 없는 세포와 혈관, 내장기관, 근육, 뼈 등의 작용으로 움직인다. 이 복잡한 것들이 뇌에서 조절되고 통제된다. 기능에 따른 움직임은 수많은 경험에 의해 뇌에 각인되고, 그러면 뇌는 각 신체 부위를 좀 더 정확하게 알고 조절할 수 있게 된다. 이러한 경험이 충분히 이루어질 때 아이는 건강해진다. 즉, 잘 크게 된다.

몸놀이가 아이슈타인 뇌를 만든다

인터넷에 떠도는 이야기가 있다.

결혼해서 아이를 낳으면 부모는 내 아이는 왠지 특별할 거란 기대를 한다. 그래서 처음에는 아이슈타인처럼 천재가 되라고 '아인슈타인' 우유를 먹인다. 한두 살 나이를 먹고 8세가 되어 초등학교에 들어간다. 아이를 보니 천재는 좀 아닌 것 같은 생각이 든다. 천재는 아니라도 우리나라 최고 대학이라고 하는 '서울대'에 가라고 '서울우유'로 바꾼다. 그러나 중학생이 되고 보니 그것도 욕심이란 생각이 든다. 그래서 한 단계 낮춘다. 서울대와 같은 2호선 라인을 타고 연세대에 갔으면 해서 '연세우유'로 바꿨다. 고등학생이 되니 이것도 쉽지 않다. 서울에 있는 대학이라도 가면 좋겠다고 생각해서 '건국우유'로 바꿨다. 드디어 고3이 됐지만 성적이 오르지 않는다. 결국 또 우유를 바꿨다. '저지방우유'다. 지방대라도 갔으면 하는 마음에서다. 옆집 엄마와 이런 답답한 마음을 수다로 풀며 이야기를 나눴다. 이 이야기를 듣던

옆집 아줌마가 그러더라. 자기는 아이에게 '매일우유'를 먹인다고 했다. 사고나 치지 말고 학교나 매일 무사히 다녀줬으면 하는 바람에서란다.

부모라면 충분히 공감할 이야기다. 부모는 아이가 아이슈타인처럼 머리가 좋아 훌륭한 업적을 남길 수 있는 사람이 되길 바란다. 그렇다면 아인슈타인은 일반 사람들과 무엇이 다를까? 천재의 대명사인 아이슈타인은 정말 뇌부터가 남달랐다. 아이슈타인의 뇌를 직접 연구한 흥미로운 보고가 있다. 아이슈타인의 뇌가 일반 사람의 뇌와 다른 부위는 바로 두정엽이다. 일반 사람들보다 두정엽 하단 부위가 15%나 더 크고 신경세포가 더 조밀한 것으로 나타났다. 또한, 최근 연구에서 영재를 구분할 수 있는 뇌 부위로 두정엽의 후두정피질(Posterior parietal cortex)이 보고되기도 했다.

그러면 두정엽은 어떤 기능을 담당하는 곳일까? 그리고 그 부위는 어떤 경험을 할 때 발달하는 것일까?

두정엽[頭頂葉, parietal lobe]

두정엽은 감각신경원이 들어 있다. 두정엽은 일차 체감각 기능, 감각 통합과 공간 인식 등에 관여한다. 손운동과 혀·후두·입술 등 발성에 관한 운동 중추의 면적은 넓고, 허리와 하지 운동을 조정하는 중추는 비교적 좁다. 신체를 움직이는 기능뿐 아니라 사고 및 인식 기능 중에서도 수학이나 물리학에서 필요한 입체·공간적 사고와 인식 기능, 계산 및 연상 기능 등을 수행하며, 외부로부터 들어오는 정보를 조합하는 역할을 한다.

특수교육학 용어사전, 2009, 국립특수교육원

두정엽은 브로드만 52개 영역 중 1, 2, 3번에 해당한다. 브로드만은 독일의 신경학자로, 뇌를 그 특성에 따라 52개 영역으로 구분하여 발표했다. 그가 나눈 브로드만 52개의 영역 중 1과 2, 3은 두정엽의 중심에 있는 부위로 몸감각 영역이다. 즉 체성감각이다. 그가 뇌의 부위를 숫자로 정할 때, 1번을 체성감각으로 정한 것은 체성감각이 가장 먼저 발달하기 때문이다. 이는 체성감각, 몸으로 받아들이는 감각이 뇌 발달에 얼마나 중요한지를 보여준다.

두정엽은 촉감, 온도, 고통 같은 체성감각과 관련된 피부와 내장으로부터 입력을 받는다. 두정엽 체감각 자극에 반응하는 곳이다. 즉, 몸을 움직이고, 피부로부터 자극이 있을 때 활성화되고 발달하는 영역이라는 것이다.

아인슈타인은 3세 때 언어발화가 시작되었다고 보고된다. 활동량이 많고, 운동발달이 촉진되는 유아기 아이 중에는 언어발화가 조금 늦게 시작되기도 하는데, 아이슈타인이 그러했지 않을까 추측해본다. 이 원리는 우리가 격한 운동을 할 때는 말을 하거나 움직이지 않는 이유와 비슷하다. 뇌가 몸의 움직임에 집중하고 있기 때문이다.

또, 아인슈타인의 뇌에는 주름이 많았다고 밝혀졌다. 머리를 많이 쓰면 뇌는 더욱 복잡한 외형을 갖게 된다고 유추해볼 수 있다. 따라서 다양한 신체 활동과 활발한 신체 접촉(체성감각 자극)이 두정엽을 발달시키고, 아이슈타인과 같은 천재의 뇌로 만든다고 볼 수 있다.

할머니 손을 잡고 우리 센터를 처음 방문한 수민이는 내가 할머니와 이야기를 나누는 동안 교실 문 앞에 쓰여 있는 '상담실', '소장실', '사무실' 글자를 보고 계속 입으로 중얼거렸다. 내가 아이의 이름을 불러보았지만, 한번 힐끗 보고는 전혀 관심이 없는 듯 다시 글자 쪽으로 눈이 향했다.

할머니는 수민이가 집에서 책만 보고 말이 늦는 게 걱정이었다. 놀이터에 가도 친구들에게 다가가지 않고 혼자 왔다갔다 서성거리며 논다고 하셨다. 그래서 바쁜 부모를 대신에 할머니께서 아이의 손을 잡고 센터로 데리고 올라오셨다. 할머님의 열정이 대단했다.

병원에서 검사를 받은 수민이는 심하진 않지만 자폐스펙트럼 범주에 해당한다는 검사결과를 받았다. 수민이를 파악한 나는 상담 시 할머님께 이런 말씀을 자주 드렸다.

"할머님, 이 아이는 책을 많이 읽어서 비슷한 평면적인 시각 자극만 자꾸 찾으려고 한답니다. 책을 치워주세요."

"아! 맞아요. 책을 볼 때면 주변에서 누가 뭘 해도 장님, 귀머거리가 된다니까요. 오늘 가서 당장 책을 치울게요."

"그리고 할머님, 수민이가 앉아서 책만 읽어서 근력도 부족하고 허리도 구부정하고 어깨도 좀 굽었어요. 많이 움직일 수 있도록 도와주세요."

"그렇죠. 몸을 많이 움직이는 게 중요하죠. 집에 아이 사촌 오빠가 같이 있는데, 함께 운동 많이 시키도록 할게요. 여기서도 운동은 많이 하죠? 꼭 좀 많이 움직일 수 있도록 해주세요."

"그럼요. 하지만 집에서도 꾸준히 몸을 움직일 수 있게 도와주세요."

상담이 이렇게 시원하게 잘 통할 수 없었다. 할머님은 매번 만나뵐 때마다 머리부터 발끝까지 깔끔하고 세련된 차림을 유지하셨다. 누가 봐도 멋쟁이 할머니, 카리스마 넘치는 할머니셨다.

하루는 그림 그리는 수업시간이었다. 나는 수민이에게 '우리 가족'을 그려보자고 했다. 수민이가 흰 도화지에 그리기 시작했다. 그리고 이렇게 그렸다.

'우리 가족'

그린 게 아니라 썼다. 그림이 아니라 글자를 쓸 줄이야! 나는 잠시 당황했지만, 다시 아이를 바라보았다. 그리고 도화지에 아이 손을 잡고 동그라미를 그렸다.

"이건 얼굴이야. 엄마, 아빠, 그리고 우리 친구 중에 누구 얼굴이라고 할까?"

"엄마 얼굴이요."

"그래! 좋아! 그럼 엄마 얼굴에 눈, 코, 입을 그려줘요."

또래 아이에 비해 단조로운 모습이었지만 그래도 조금씩 그림이 완성되었다. 그렇게 가족의 모습들로 도화지가 가득 채워졌다.

수업 시간에는 아이들과 댄스 시간을 자주 갖는다. 몸을 많이 움직이게 하기 위해서다. 유독 댄스시간에 대한 수민이의 반응은 폭발적이었다. 평소 얌전하고 무표정인 아이였는데, 함께 춤을 추는 시간에는 180도 다른 아이가 되었다. 팔다리를 박자에 맞춰 흔들고, 목소리가 점점 우렁차졌다. 표정이 환해지고 생기가 넘쳤다. 수민이 덕분에 아이들이 더 신 나게 춤을 추었다.

2년 반의 시간 가운데, 수민이는 물놀이, 숨바꼭질, 잡기놀이 등 친구들과 다양한 몸놀이를 경험했다. 날이 갈수록 수민이는 표정이 밝아지고 목소리도 씩씩해졌다. 그리고 센터를 졸업할 시기에 다시 발달검사를 받았다.

병원에서 검사를 받은 수민이 어머님은 검사 결과지를 보여주셨다. 어머님 눈은 붉어 있었고, 감사하다는 말을 여러 번 반복하셨다. 검사지에는 자폐스펙트럼에서 완전히 벗어났다는 내용이 있었다. 내가 보기에는 당연한 결과였지만, 우리에게 다시 한 번 기적을 보여준 순간이었다.

하지만 수민이가 보여준 기적은 이게 끝이 아니었다. 지금은 초등학교 2학년이 된 수민이에게서 얼마 전에 연락이 왔다. 아이가 직접 전화를 주었다.

"이야! 반가워. 잘 지내고 있지?"

"네, 선생님! 잘 지내고 있어요. 저 학교에서 1등 했어요."

"무슨 1등?"

"학교에서 시험 봤는데, 영어, 수학, 국어 다 100점 맞았어요."

"정말? 진짜 대단하다. 축하해."

참 보고 싶었던 아이였는데, 이렇게 기쁜 소식과 함께 목소리를 들을 수 있어서 참으로 행복했다. 그리고 그동안 이 아이를 위해 몸을 사리지 않고 함께 춤추고 몸놀이 했던 시간이 무엇보다 값지게 여겨지며 큰 보람을 느꼈다.

이제 우리 아이의 뇌가 아이슈타인의 뇌처럼 발달하는 원리를 알게 되었다. 그럼 오늘 아이와 시작할 것은 무엇인가? 우리 아이의 뇌를 아이슈타인처럼 만드는 몸놀이다.

뭐든지 잘하는 아이의 비밀

몸을 잘 쓰는 사람을 보고 우리는 머리가 좋다고 말한다. 맥가이버를 아는가? 손을 사용하고 몸을 움직여서 어떤 상황에서도 역경을 극복한다. 쇠사슬에 묶여 있는데도 교묘히 손을 움직여서 쇠사슬을 풀고, 작은 선과 기계들을 연결해 절묘하게 폭탄을 장치한다. 빠르게 달리고 있는 기차 안에서 엄청난 순발력으로 보기 좋게 탈출한다. 이 모든 것을 가능하게 하는 것은 화학과 물리적 지식일 수도 있지만, 내가 보기에 그는 한마디로 '몸을 매우 잘 쓰는 사람'이다. 하지만 우리는 맥가이버를 참 머리가 좋은 사람이라고 말한다.

우리가 하는 모든 일은 대부분 몸으로 한다. 손도 몸의 일부고, 생각하는 동안 작동하는 뇌도 몸의 일부다. 몸 없이 할 수 있는 것은 없다. 그래서 몸을 잘 쓰는 것은 모든 능력의 기초가 된다. 부모는 내 아이가 몸이 둔하기보다는 민첩했으면 좋겠다. 뭐든지 빨리 배우고 이왕이면 다 잘하기를 원한다. 운동도 잘하고, 노래도 잘 부르고, 그림도 잘 그리고, 피아노, 만들기, 조립, 공부도 야무지게 했으면 한다.

뭐든 잘하고, 잘 배우고, 잘 수행해내는 아이의 모습을 기대한다면 아이가 몸을 제대로 쓰도록 이끌어줘야 한다. 조금 귀찮고 힘들더라도 부모가 반드시 아이와 몸놀이를 해야 한다. 몸놀이는 아이가 앞으로 성장하면서 겪게 될 모든 과정의 숨은 기초훈련이 된다. 몸으로 할 수 있는 수많은 일을 직간접적으로 경험하게 해준다. 좀 더 자세하게 설명해보겠다.

노래를 잘하는 아이로 키우는 몸놀이

4세 현식이는 소리를 자주 질렀다. 그런데 그 소리가 사람 목소리 같지 않았다. 돌고래 초음파 소리라고 해야 할까? 두려움에 질린 새소리라고 해야 할까? 흉내도 내기 어려울 정도로 높고 째지는 소리여서 옆에 있는 사람의 눈살을 찌푸리게 하는 그런 소리였다. 그 때문에 가족은 매우 힘든 시간을 보내고 있었다.

현식이와 수업을 해보니 선생님들과 친구들에게 관심이 없고 멍하게 허공을 쳐다보거나 흰자가 보일 정도로 눈을 흘기기 일쑤였다. 나는 현식이를 데리고 와서 비행기를 태웠다. 누워서 발 위에 현식이를 올리고 들었다. 현식이는 배가 눌리는 느낌에 집중해서인지 소리 지르다 말다를 반복했다. 그 가운데 배에 힘이 들어가다 보니 현식이는 자신의 목소리가 평소와 다르다고 느끼는 듯했다.

그 후 나는 내 앞에 현식이를 앉혀놓고 허리에 진동이 느껴지도록 두드리면서 몸통이 울리도록 했다. 살살하다 조금 세게 하다를 반복했다. 희한하게 현식이는 다른 데로 도망가지 않고 계속 내 앞에 앉아 있었다. 등 전체를 한 5분 정도 골고루 왔다갔다하면서 두드리고 나자 돌고래 소리가 조금 바뀌었고, 그 후 뭐가 시원해진 건지 현식이는 선생님과 친구들 쪽으로 미소를 보여주었다. 수업 후 어머님께 현식이의 등을 많이 두드려주고 몸놀이를 많이 하도록 조언해드렸다.

며칠 후 현식이 어머님으로부터 메시지를 받았다. 몸놀이와 등 두드려주는 마사지를 하고 나서부터 현식이가 소리 지르는 게 많이 없어졌다고 했다. 가족 모두가 더욱 즐겁고 기쁜 시간을 보내게 됐다고 감사하다고 말씀해주셨다.

요즘 아이들의 장래희망 1위는 아이돌이다. 가수, 연예인을 꿈꾼다. 가수까지는 아니더라도 노래를 잘하게 되면 여러모로 좋은 점이 많다. 남들 앞에서 장기자랑으로 노래를 할 수도 있고, 취미로 밴드활동을 할 수도 있다. 우리가 즐기는 일상 대부분에 음악이 있다. 설령 아이돌 가수만큼 노래를 잘할 필요는 없어도 우리 아이가 굳이 음치일 필요는 없다. 노래를 잘하기 위한 참 많은 발성법이 있다. 나는 성악을 전공하지 않았지만 어릴 적부터 노래를 곧잘 했다. 전문가는 아니지만 내 경험을 중심으로 노래를 잘하는 방법을 간단하게 설명하겠다.

노래를 잘하려면 일단 어떻게 하면 내 몸에서 풍성하고 좋은 소리가 나는지 알아야 한다. 몸을 써보면서 노래를 자꾸 불러보면 알게 된다. 우선 호흡을 조절하고, 성대를 잘 사용할 줄 알아야 한다. 소리는 몸에서 난다. 몸통이 소리 나는 악기가 되는 것이다. 그래서 몸에서 나는 소리를 잘 조절할 수 있는 능력이 생기면 좋은 소리가 나고, 노래를 잘하게 된다. 결국 몸을 잘 사용하는 것이 노래를 잘하는 최고의 방법이다.

북에는 소리를 울려서 크게 만들 수 있는 공간이 있다. 현악기 중에 가장 크고 웅장한 소리를 내는 콘트라베이스는 다른 악기보다 소리를 울릴 만한 몸통이 크다. 우리에게도 몸통이 있다. 소리를 더 안정적이고 크게 내려면, 이 몸통을 울릴 수 있어야 한다. 호흡을 들이마시면서 몸통을 크게 만들 수 있어야 한다. 몸을 울리면서 소리를 만들어낼 줄 알아야 한다. 배부터 가슴, 목, 입, 코, 머리를 울림통으로 하나하나 잘 사용할 수 있어야 한다. 몸놀이를 하면 몸통을 소리통으로 만드는 과정을 자연스럽게 경험하게 된다. 즉, 몸놀이를 하면 노래를 잘할 수 있다.

운동 잘하는 아이로 키우는 몸놀이

축구, 야구, 농구, 골프, 수영 등 많은 스포츠가 있다. 스포츠까지는 아니어도 아이들은 기본적으로 줄넘기, 훌라후프 돌리기, 뜀틀 넘기 등을 배운다. 우리 아이가 운동도 잘하고, 체육시간에 자신 있게 활동하려면 어떻게 해야 할까?

자기 몸의 움직임을 얼마나 잘 감지하는지가 중요하다. 뇌가 그 정보들을 처리해서 온 정신과 몸의 감각들이 잘 통합되어야 한다. 달리기할 때 그냥 앞으로 달릴 때와 팔을 함께 흔들면서 달릴 때의 차이를 몸으로 알아야 한다. 속도 차이를 속도감으로 느낄 수 있어야 한다. 그렇게 되면 어떻게 뛰어야 더 속도가 나는지 몸에서 알고 조절할 수 있게 된다. 즉, 더 빨리 뛸 수 있다.

보통 생후 12개월 정도 되면 걷기 시작한다. 그 후부터는 뛰는 걸 좋아하게 된다. 그 경험을 토대로 침대에서도 뛰고 소파에서도 뛴다. 트램펄린 위에서는 더 신 나게 뛴다. 그렇게 다양하게 뛰어보면서 몸의 위치가 바뀌는 것을 알아가고, 몸으로 진동감과 중력감을 느낀다. 더 높이 뛰려면 배와 허벅지에 더 많은 집중력과 근력이 필요하다는 것을 알게 된다. 그런 감각을 느끼면서 몸 어디에 더 힘을 주고, 어느 관절이나 근력을 더 사용해야 하는지 알아간다.

초등학교 시절에 가장 많이 하는 운동이 줄넘기다. 줄넘기를 잘하려면 손목으로 줄을 넘기는 것과 점프하는 몸의 리듬이 잘 맞아야 한다. 손목으로 줄을 돌리면서 적당한 시점에 뛰어서 줄을 넘어야 한다. 말로 설명하기 어려운 복잡한 과정이다. 하지만 그 흐름에 몸이 익숙해지면 복잡한 과정이 술술 진행된다. 줄넘기가 가능해지고, X자 넘기, 다리 번갈아 넘기, 2단 넘기 등의 더 복잡한 줄넘기도 가능해진다.

부모와 몸놀이를 하면, 아이는 직접적, 간접적으로 체득하게 되는 것이 많다. 부모의 움직임을 보면서 자연스럽게 모방하게 된다. 몸에 힘을 어떻게 주어야 하는지, 관절과 근육을 어떻게 사용해야 하는지 몸을 맞대면서 자연스럽게 배우게 된다. 이렇게 몸의 쓰임을 많이 보고 자연스럽게 배워간 아이와 그렇지 않은 아이의 대근육 발달은 차이가 날 수밖에 없다.

정서 발달과 대근육 발달은 연관성이 매우 높다. 우리는 기분이 좋으면 자연스럽게 몸을 더 움직이게 된다. 신 나고 흥이 나면 절로 몸을 흔들게 되는 것이 그렇다. 반대로 우울하거나 슬플 때는 늘어지고 의욕이 없고 처진다. 몸을 꿈쩍하기도 싫다.

부모와 함께 몸을 맞대고 몸놀이 하면 재미있고 신이 난다. 이런 기분 좋은 정서는 아이의 움직임을 더욱 촉진한다. 춤을 추게 하고, 데구루루 구르게 한다. 그 가운데 다양하고 많은 움직임을 경험하게 된다. 이러한 경험은 운동할 때 그 진가가 발휘된다.

연주를 잘하는 아이로 키우는 몸놀이

일아일악(一兒一樂).

아이가 최소 하나의 악기는 배우도록 하면 좋다. 악기 연주를 하게 되면 소근육 발달, 음악성 지능 향상, 성취감과 자신감 증진 등 다양한 효과가 있다. 내 아이가 악기연주를 잘하려면 개인레슨을 시키면 될까? 물론 개인레슨을 통해 실력이 향상될 수 있다. 하지만 그 이전에 몸놀이를 해주어서 악기를 잘 배울 수 있는 몸과 감각을 갖추게 해야 한다.

아이가 소비자가 아니라 생산자가 될 수 있는 환경을 만들어주는 것이 좋다. 잘 만들어진 장난감을 갖고 노는 소비자보다 재료를 가지고 스스로 장난감을 만드는 생산자가 되는 게 더 높은 단계의 활동이다. 나는 책 읽는 것을 매우 좋아한다. 지금 책을 쓰는 이 시간에도 얼른 마무리하고 책을 읽고 싶은 마음이 굴뚝같다. 더 쉽기 때문이다. 책을 읽을 때보다 책을 쓸 때가 더 어렵다. 더 많이 생각하고 고민하고, 연구하게 된다. 더욱더 적극적으로 뇌를 사용할 수밖에 없다. 누구나 마찬가지다. 다른 사람이 만든 것을 소비하는 것보다 자신이 생산해내는 과정이 훨씬 어렵다. 하지만 생산하는 과정에서 아이의 발달은 더욱 촉진된다. 음악도 마찬가지다. 단순히 다른 사람이 만든 음악을 들으며 소비하는 것보다 악기를 사용해서 소리와 음악을 만들어내는 것이 훨씬 적극적인 활동이 된다.

아이에게 악기를 통해 음악을 생산하고, 자아표현을 활발히 할 기회를 주어야 한다. 이것이 아이에게 더 효과적인 배움의 기회가 되려면, 역시 몸놀이가 매우 유익하다.

나는 개인적으로 아카펠라를 참 좋아한다. 아카펠라는 아무 악기 없이 자신의 몸만으로 소리를 만든다. 매우 다양한 소리가 나고 그 소리가 어우러져 멋진 화음을 만들고 음악적 조화를 이룬다. 아카펠라 공연을 보면 표정과 신체 위치, 손동작이 참 다양하다. 손을 위로 올리기도 하고, 턱을 앞으로 빼기도 한다. 눈을 위로 치켜뜨기도 하고, 손으로 입을 가로막으며 소리를 내기도 한다. 이렇게 몸의 부위를 움직이거나 조절하여 음악을 창조해내는 이들이야말로 자신의 몸을 잘 이해하고 있는 사람이다. 몸을 움직여 그 감각을 인식하고, 적극적으로 자신의 몸을 사용할 줄 아는 사람이라면 어떤 악기든 잘 익힐 수 있다.

몸으로 소통할 줄 알아야 말도 잘한다

'배고파.'

'기저귀가 찝찝해.'

'잠 와. 졸려.'

생후 1년이 안 된 아기라면 주로 울음으로 이러한 의사를 전달한다. 아기는 생존을 위해 필요한 욕구를 몸의 감각으로 느낀다. 그 느낌에 대한 반응을 울음으로 표현한다. 엄마는 울음소리를 듣고 아기를 살피며 모유를 준다. 아기는 배가 채워지면서 모유를 먹는 방법을 터득하게 된다. 그뿐만 아니라, 엄마를 부르고 원하는 걸 요구하는 방법을 알아가게 된다. 엄마와의 소통이 자신의 생사와 직결되어 있음을 느끼게 된다. 엄마의 존재에 대해서 강하게 인식하게 되고, 엄마의 모습을 적극적으로 탐색하며 엄마와의 애착을 형성하게 된다.

아기가 쉬를 하고 응가를 했을 때를 생각해보자. 아기는 늘 자신을 덮고 있는 담요나 옷의 뽀송뽀송한 느낌에 익숙하고 그래서 마른 느낌이 좋은 거라고 생각하게 된다. 그러다가 자신이 특별히 의식하지 못한 순간 장의 작용으로 쉬가 나온다. 뜨거워졌다가 눅눅해진다. 축축한 느낌이 평소 느끼던 뽀송뽀송한 것과 다르다고 피부를 통해 경험하게 된다. 낯선 그 느낌이 불편하게 다가온다. 그래서 아기는 운다. 엄마는 아기의 기저귀를 살피고 갈아준다. 아기는 다시 마르고 뽀송뽀송한 그 익숙한 느낌을 느낄 수 있게 되면서 울음을 그친다. 아기는 자기가 표현하면 불편한 점을 알아채서 해결해준다는 것을 몸으로 경험한다. 그렇게 아기와 엄마의 소통은 아기의 '몸'을 통해 확장된다.

다음은 아기가 졸릴 때다. 아기는 수시로 잠을 자야 한다. 그런데 세상의 것을 하나하나 알아가고 엄마와 소통하는 것이 재미있어진 아기는 계속 놀고 싶고 더 탐색하고 싶다. 눈은 감기고 졸음이 오지만 눈을 감으면 깜깜하고 엄마도 눈에 보이지 않는다. 엄마와 떨어져 있다고 느껴진다. 노는 게 더 좋으니 잠들기가 싫다. 그래서 짜증이 나서 칭얼대고 울어버린다.

그러면 엄마는 아기를 안아준다. 몸을 토닥토닥 두드려주고, 아기를 업고 흔들어준다. 아기는 이런 몸의 움직임을 통해 엄마가 자신과 함께 있음을 몸으로 느끼게 된다. 흔들고 두드려주는 몸의 자극에 아기는 편안함을 느낀다. 아기는 이내 스르륵 잠이 든다. 이 과정을 통해 아기는 왜 잠이 오는지, 그리고 자신의 몸이 어떻게 하면 편안함을 느끼는지 '몸에 대한 이해'가 쌓이게 된다. 그러면 조금씩 자신의 몸을 조절할 수 있게 되고, 엄마와의 소통을 위해 더 적극적인 행동을 하게 된다. 안아달라고, 업어달라고 표현하게 된다.

생후 1년 정도가 지나면 아기는 말을 하기 시작한다. 그중 아기가 상대적으로 빨리 배우는 말들이 있다. '엄마, 아빠'는 당연히 아기가 가장 먼저 말하는 언어다. 살아가기 위해 이 두 사람이 꼭 필요하다는 것을 알기 때문이다.

다음으로 배가 고파서, 목이 말라서 '맘마, 쭈쭈, 까까, 물'을 언어로 표현하게 된다. 그러다가 넘어지거나 다치면 어디가 아픈지 피부로 느끼면서 언어로 표현하기 시작한다. '아야, 아파, 아푸'라고 말하기도 하고, 아프니까 호호 불어 달라고 '호~ 호야'라고 말하게 된다. 하고 많은 표현 중에 왜 이런 말을 먼저 하게 되는 걸까?

아이가 처음 배우는 말

맘마	쭈쭈	까까	물	아파	아야	자자
쉬	응가	아, 뜨거	까꿍	있다	없다	업어
안아	밥	내 거야	이거 뭐야	해 줘	좋아	배고파
간지러	맛있어	냄새	더워	추워	심심해	크다
작다	재미있어	신 난다	눈	코	입	얼굴

피부에는 감각을 느끼는 지점이 각기 다르고, 그 개수도 다르다. 감

각점 중에 아픔을 느끼는 통점이 가장 많이 분포되어 있다고 한다. 아이가 엄마 아빠 다음에 '아프', '아파'를 먼저 말하게 되는 것은 이와 같은 원리다.

감각점의 분포 수 : 통점(아픔) > 압점(누름) > 촉점(접촉) > 냉점(차가움) > 온점(따뜻함)

거꾸로 이야기하면, 몸으로 느낀 것이 없으면 언어로 표현될 수가 없다. 언어 발달은 몸을 통한 감각과 자극이 있어야 활발히 진행된다. 몸으로 경험하고 느끼고 생각한 것들이 쌓이고 쌓여서 그 개념과 맞는 단어와 연결된다. 아이의 언어는 몸으로 경험한 것으로부터 시작된다. 몸으로 느낀 것들이 언어의 재료가 되는 것이다.

일단 아이의 언어발달를 이해하려면 크게 두 가지를 알아야 한다. '언어는 의사소통의 수단'이라는 것과 '몸은 말이 나오는 스피커'라는 것이다.

언어는 의사소통의 수단

언어는 사람과 사람이 의사소통하기 위한 수단으로 발달이 된다. 그래서 아이가 말을 하려면 필요한 과정이 있다. 첫째, 자신을 사람으로서 인식하며 알아가야 한다. 둘째, 나 아닌 다른 사람을 알아가야 한다. 셋째, 자신의 의사가 있어야 한다. 넷째, 활발히 소통해야 한다.

우선 아이 자신이 사람으로서 자아 발달이 활발하게 이루어져야 한다. 사람으로서 자기 자신을 알아가는 것이 자아 발달이다. '나는 누구인가?'를 알아가는 것을 뜻한다. 아이에게 '자아'의 기초는 바로 자기 '몸'이다. 몸을 통해 아이는 자기 자신에 대한 인식이 생긴다. 그러므로 자신의 몸을 많이 경험할수록 자아 발달이 촉진된다.

타인과 의사소통을 하기 위해 발달하는 게 언어다. 의사소통은 '의사'와 '소통' 두 단어의 결합이다. 이때 '의사'는 '무엇을 하고자 하는 생각'이다.

내가 원하는 것

내가 좋아하는 것, 또는 싫어하는 것

내가 하고 싶은 것

내가 재미있는 것

내가 즐거운 것, 또는 내가 슬픈 것, 화가 나는 것

위의 것들이 '의사'가 된다. 많이 느끼고 경험할수록 '의사'가 많아지고 언어로 표현될 것도 풍성해진다. 여기서 가장 기본은 바로 '나'다. 내가 있어야 한다. 이를 '자아'라고 하며, 아이들의 자아 발달은 그래서 매우 중요하다.

난 누구인가?

난 무엇을 할 수 있는가? 무엇을 해야 하는가?

난 뭘 잘하는가?

난 뭘 좋아하는가?

이 질문에 대해 생각하고 답을 알아가는 과정이 바로 '삶'이다. 우리뿐만 아니라 아이도 자신의 삶을 살고 있다. 우리에게도 참 중요한 질문이지만 아이에게도 마찬가지다. 이 질문에 대해 답을 잘 찾아갈 수 있는 환경에 있다면 아이는 건강한 자아상을 형성하게 된다.

자아가 발달하고 의사소통을 하면서 아이의 언어는 발달한다. 그 과정 가운데 아이의 언어 사용이 촉진되는 상황들이 있다.

1. 필요한 것을 요구하기 위해서
2. 자신의 감정을 표현하기 위해서
3. 자신이 소통하고자 하는 사람의 관심과 사랑을 받기 위해
4. 제 생각을 타인과 공유하기 위해
5. 자기 몸에서 느껴지는 것(감각)을 전하기 위해(아픈 것, 졸린 것, 응가 마려운 것 등)

몸은 말이 나오는 스피커

조음과 발화기관에 의해 표현할 내용이 몸 밖으로 언어로 나오는 과정을 알아야 한다. 말이 입 밖으로 나오기까지 눈에 보이지 않는 복잡한 과정이 이루어진다. 조음과 발성기관과 호흡 등의 여러 가지 움직임과 연결, 조절을 통해 언어가 산출된다.

'스피커'를 떠올려보면 좋다. 스피커에서 라디오 방송이 나온다고 해보자. 일단 내용이 있어야 한다. 사전에 녹음된 내용일 수도 있고, 생방송으로 진행되는 라디오 방송이 될 수도 있다. 스피커로 나오는 소리는 너무 크거나 작아서는 안 된다. 너무 잡음이 많거나, 하우링이 나서 듣기 거북해서도 안 된다. 스피커 내부의 있는

부품들이 있어야 할 위치에 조립되고, 서로 잘 연결되어 기능해야 한다. 그래서 스피커 본체를 통해서 충분히 웅장하고 깨끗한 소리를 출력해줘야 한다.

아이의 언어도 이와 비슷하다. 먼저 아이의 자아가 발달하고 타인과의 의사소통이 있어야 한다. 그래야 밖으로 출력될 내용이 있게 된다. 이전에 있었던 경험이나 현재 느끼는 생각과 감정을 전달하게 된다. 그 내용이 언어로 표현된다. 그런데 목소리가 작으면 다른 사람에게 전달되기 어렵다. 그래서 말을 잘 전달하려면 적절히 소리가 커야 하고, 들숨, 날숨, 호흡을 조절하여 소리를 낼 수 있어야 한다. 호흡이 짧으면 문장으로 이어지지 않고, 한 음절씩 소리가 끊기기도 한다. 성대와 입술, 혀 등을 잘 움직여서 조음을 잘 만들어내야 한다. 다른 사람들이 듣기에 목소리가 너무 거칠거나 톤이 높아 듣기 불편하면 안 된다. 발음이 부정확하거나 억양이 부자연스러우면 전달이 어렵다. 조음과 발성에 필요한 신체기관을 잘 연결 사용해야 건강한 음성으로 산출된다.

북에는 울림통이 있고, 바이올린, 기타, 현악기에도 소리를 모아 내보내는 '울림통'이 있듯이 말을 하기 위해서 아이는 자신의 몸통을 소리를 내기 위한 울림통으로 연결하여 사용해야 한다. 아이는 자신의 몸을 소리를 내는 공간으로, 그리고 소리를 확장시킬 수 있는 울림통으로 인식하고 잘 사용할 수 있어야 한다. 그러려면 아이는 자신의 몸의 공간을 느껴보고 울림을 경험해봐야 한다. 몸을 많이 움직이고 접촉하다 보면 아이는 자신의 몸을 입체적으로 인식하게 되고, 자연스럽게 몸의 공간에 대해 알아가게 된다. 부모와 아이가 서로의 몸에 기대어 뱃속 소리, 심장박동을 듣는 시간을 가져보자. 서로 몸을 두드려보면서, 그 울리는 소리와 느낌과 진동감을 느껴보자.

말을 하는 데 호흡이 꼭 필요하다. 1년에 한 번 맞는 생일은 아이들이 가장 좋아하는 날이다. 생일이면 케이크에 초를 꽂고 생일축하 노래를 부른 후 촛불을 끈다. 촛불을 어떻게 끄는가? 그렇다. 입으로 바람을 불어서 끈다. 바람은 눈에 보이지 않고, 입으로 바람을 만드는 과정도 눈에 보이지 않는다. 이 과정에서 우리는 호흡이라는 것을 한다. 호흡은 우리가 살아 있다면 무의식적으로 늘 하는 거지만, 촛불을 부는 과정에서는 적극적인 의식 가운데 이루어진다.

아이 중에 촛불을 잘 못 끄는 아이가 있다. 숨을 들이쉬고 내시며 바람을 불어서 '후' 하는 게 아니라 입 모양만 동그랗게 모으고 가만히 기다리는 아이, 말소리로만 '우, 우' 반복하고 바람을 불지 못하는 아이도 있다.

여기서 몸놀이 해본 아이와 몸놀이 하지 않은 아이가 차이 난다. 몸놀이를 자주 했던 아이는 무의식적으로 일어나는 '호흡'을 자연스럽게 경험하게 된다. 몸놀이를 하다 보면 숨이 차고, 그러면 헉헉대며 거친 숨을 가다듬는다. 호흡조절을 하는 것이다. 그러면서 호흡에 대해 의식하게 된다. 눈에 보이지 않지만 내 몸을 통해 바람이 왔다갔다하고, 그에 따라 몸이 움직이고 반응하는 것을 경험하게 되는 것이다.

반면에 몸놀이 하지 않은 아이는 어떨까? 호흡은 하지만 그 호흡이 어떻게 이루어지는지, 내 몸을 사용하여 어떻게 조절하는지는 알지 못한다. 경험해보지 않았기 때문이다. 무의식적으로 이루어지는 몸 안의 작용들을 의식적인 과정을 통해서 이해하지 못한 것이다.

"숨을 크게 쉬어 봐."

"숨 잠깐만 멈추고 있어봐."

"세게 후~ 하고 불어봐."

몸놀이 해보지 않은 아이는 이 말이 참 난감하다. 어떻게 해야 하는지 도통 감을 잡을 수 없다. 이렇게 몸놀이가 적거나 몸을 움직일 기회가 적었던 아이들은 촛불만 못 끄는 게 아니다. 언어 발달도 느릴 수 있다.

언어 발달에 필요한 과정은 한번에 다 습득되는 것이 아니다. 계속 시도하고 경험하고 조절하면서 언어는 점차 건강하게 발달한다. 이 과정에 있는 아이는 당연히 표현이 서툴다. 정확하게 행동이나 말로 표현하기보다는 짜증과 울음으로 표현하는 경우가 많다. 이때 그 숨은 의도를 잘 읽고 반응해주어야 한다. 그러면 아이들은 더 좋은 방식으로 표현할 용기와 지혜를 얻는다.

몸으로 소통할 때 아이의 표현을 더 잘 이해할 수 있다. 눈으로는 보이지 않지만 몸이 닿으면 몸으로 이해하게 된다. 몸으로 이해한 것을 몸으로 반응해주면 아이는 '엄마와 내가 통했구나', '엄마가 날 이해했구나', '내가 잘 표현했구나. 이제 더 표현해야겠다'고 생각하게 된다. 그래서 더 새롭게 다양하게 표현할 방법을 스스로 터득해간다. 이렇게 몸으로 소통이 원활한 아이는 자연스럽게 더 높은 단계의 소통방법으로 발달이 촉진된다. 손짓과 몸짓으로 하던 의사를 말로 표현하고, 더 다양한 표현을 구사하기 시작한다.

감각 경험이 아이의 집중력을 좌우한다

'오감'은 시각, 청각, 후각, 미각, 촉각, 이 다섯 가지 감각을 말한다. 하지만 우리의 몸에는 다섯 가지로 정의할 수 없는 훨씬 더 많은 감각이 있다. 예를 들면 뒤에서 누군가 나를 쳐다보는 듯한 느낌 같은 것이다. 흔히 육감이라고 표현하는 이것은 오감에 해당하지는 않지만, 우리 몸에 있는 감각 중 하나다. 감각을 다양하게 경험한 아이일수록 그 감각을 잘 사용하여 새로운 것을 탐색하게 된다. 얼마만큼의 폭넓은 감각 경험을 했느냐가 아이의 집중력을 좌우한다.

집중력은 한 가지 사물을 가지고 얼마나 오랫동안 탐색하며, 그 사물을 두고 얼마나 다발적으로 사고하느냐 하는 기초가 된다. 이 집중력이 향상되는 것과 몸의 감각 발달은 매우 긴밀한 관계가 있다.

예를 들어 여기 사과가 있다고 하자. 사과를 눈으로만 보는 아이는 사과의 모양과 색깔 정도만 보고 지나갈 것이다. 그 시간은 길지 않을 것이며, 탐색도 단조롭게 마치게 된다. 반면에 다양하게 몸의 감각을 사용하는 아이는 이 과정이 달라진다. 사과를 손으로 들어 무게도 느껴보고, 자기 손의 크기와 비교하면서 크기와 부피에 대해 알아간다. 향과 맛은 물론이고, 매끈하고 단단한 촉감을 알게 되고, 어느 정도 힘을 가하면 그 단단한 것도 즙이 나고 멍이 들 수 있다는 것을 체험한다. 이렇게 몸의 감각을 다양하게 사용하여 탐색하면 시간이 오래 걸린다. 사과를 두고 생각의 꼬리가 이어져서 '사과'라는 사물에 대한 깊이 있고 폭넓은 이해가 생기게 된다.

이런 과정을 충분히 거친 아이는 새로운 사물을 탐색할 때, 더 다양한 몸의 감각을 사용하게 된다. 사과를 충분히 탐색해본 아이가 사과와 비슷한 모양의 '오렌지'를 처음 봤다고 하자. 아이의 머릿속에서는 이런 과정이 시작된다.

'어! 저번에 봤던 사과랑 모양과 크기가 비슷하네. 동그라미 모양이고, 크기도 비슷해. 그때 내가 두 손으로 사과를 잡으니까 손에 다 들어왔었는데, 이것도 한 손이 아니라 두 손으로 해야 잡을 수 있잖아. 그런데 색깔은 좀 달라. 만져보니까 겉에 느낌도 좀 달라. 사과는 겉이 매끈매끈했는데, 이건 겉에 조그만 구멍 같은 게 많은 걸 보니 분명 다른 과일이겠군. 사과는 껍질을 벗겼더니 속이 다른 색이었어. 이것도 껍질을 까보면 안에 다른 게 있겠지? 그리고 사과를 그냥 먹기도 했지만 껍질을 벗겨 먹는 게 난 더 좋았는데, 이것도 껍질을 벗겨서 먹는 걸까? 그럼 한번 벗겨봐야겠다.'

주로 시각과 청각, 부분적인 감각만 사용하여 사과를 탐색한 아이는 '이건 동그라미 모양이군. 색깔은 주황색이고. 엄마가 저번에 이걸 오렌지라고 했었던 것 같기도 하고' 정도로 사고 과정이 짧다.

이렇게 한 사물을 보고도 경험에 차이에 따라 사고하는 과정에 큰 차이가 있다.

사과	
오감을 통한 탐색과 집중력	더 많은 감각을 통한 탐색과 집중력
빨갛다 동그랗다 새콤하다 '사과'라는 말소리	두드리면 나는 둔탁한 소리 들어보면 알 수 있는 무게감 껍질을 긁으면 즙이 나오는 특성 매끈하거나 조금 끈끈한 촉감 원형이어서 굴러갈 수 있는 특징 내 두 손을 펼쳐야 잡을 수 있는 부피감 떨어트리거나 꾹 누르면 멍이 생기는 특징 단순한 빨간색이 아닌 자연적인 붉은색 자르면 속에 씨앗이 있다는 것

한 사물을 두고 탐색하고 생각하는 양이 많을수록 집중하는 시간이 길어진다. 그러한 집중력은 사물이나 상황에 대해 좀 더 분별력 있는 판단을 하도록 돕는다. 집중하고 판단한 경험은 다음 상황에 더욱 집중하도록 하는 원동력이 된다. 결국, 피부를 통해 다양한 감각을 느낀 것이 집중력의 기초가 된다.

피부에는 지능이 있다고 한다. 우리 몸을 감싸고 있는 단순한 껍데기가 아니라 온도, 습도, 압력, 자극 등의 복잡한 정보를 인식하고 받아들여 뇌에 전달하는 기능을 가지고 있다. 또한, 대뇌 생리학자인 안

토니오 다마지오(Antonio Damasio) 박사는 "사람에게 뇌만 있어서는 의식이 생겨나지 않는다. 뇌와 신체, 그중에서도 특히 신체와 환경의 경계에 해당하는 피부와의 상호작용으로 의식이 생겨난다"고 말하며 피부 역할의 중요성을 함께 주장하고 있다.

몸놀이는 감각의 문을 열어주고, 피부를 통해서 활발하게 감각적 정보가 뇌에 전달하도록 하는 데 가장 효과적이다. 몸놀이를 하면 자연스럽게 여러 가지 감각을 경험하게 된다. 몸이 눌리면서 압박감도 경험하고, 답답하고 불편한 것도 경험하게 된다. 엄마와 아빠에게 몸을 맡기며 구르면서 아이는 엄마의 무게와 아빠의 무게를 구분하며 무게감을 알아가게 된다. 엄마 허리, 아빠 허리의 굵기가 다르다는 것을 몸을 감싸 안으면서 알게 되고, 그런 경험은 부피감, 질량감이란 개념의 이해를 돕는다.

아이는 새롭게 경험하게 된 감각을 완전히 자기 것으로 만들고자 그것을 놀이로 만든다. 즉, 자기 몸의 감각을 더 잘 알아가기 위해 연습, 훈련하는 과정인 것이다. 침대에 올라갔더니 몸이 흔들리면서 전정감각을 느끼게 됐다면 계속 뛰고 흔들고 넘어지면서 그 감각을 느끼고 조절하고 훈련하는 행동을 하게 된다. 전정감각은 몸이 위아래로 수직으로 움직이는 것, 앞뒤로 수평으로 움직이는 것을 느낄 때 사용되는 감각이다. 또, 몸이 기울어지거나 무게중심이 깨졌을 때, 몸의 균형을 잡으며 중심을 이루는 과정에 사용되며 평형감각과 비슷하게 이해할 수 있다.

그네를 탈 때도 전정감각을 경험하게 되는데, 아이들은 땅에서 발이 떨어지면서 앞뒤, 위아래를 포함한 저울추 방향으로 왔다갔다 흔들거리는 느낌이 새롭고 즐거워서 그네를 타고 또 타려고 하는 것이다.

빙글빙글 돌면 어지럽다. 회전감각을 알아가는 아이라면, 그런 느낌이 신기하고 정말 재미있다. 그래서 자꾸 돈다. 엄마보고 손잡고 돌려달라고 하고, 혼자서 빙글빙글 돌기도 하고, 놀이터에 가서 한없이 뱅뱅이를 타기도 한다.

자기 몸의 위치감을 알아가고 있는 아이들은 또 어떨까? 자꾸 부모에게 안기려고 한다. 자기가 걸을 때는 몸이 아래에 있는데, 엄마 아빠에게 안기니 몸의 위치가 높아졌다. 아래에서 보는 세상과 위에서 보는 세상이 다르게 느껴지고, 내 몸이 높아진 느낌도 매우 재미있다. 그래서 아이들은 정글짐에 올라가는 것을 좋아하고, 책상, 서랍장 할 것 없이 자꾸 높은 곳으로 올라가려고 한다. 위치에 따라 달라지는 몸의 감각을 자꾸 느껴보면서 자기 몸에 대해 알아가게 된다.

이렇게 몸의 감각을 지속적으로 폭넓게 경험하는 아이들은 어떤 사물을 탐색할 때나 낯선 환경에 적응할 때 훨씬 더 건강한 모습을 보인다. 더 높은 집중력을 보이고, 더 빠른 적응력을 나타낸다. 몸을 통해서 얻어진 많은 정보가 아이에게 이런 다양한 능력을 가져다준 것이다.

자기조절능력을 높이는 가장 탁월한 방법

학교에서 성적이 우수하고, 사회에서 성공하는 것을 결정하는 것은 무엇일까?

IQ가 좋아야 할까? 절대 아니다. 많은 연구가 이를 증명했다. 학교에서 성적이 우수하고, 사회에서 성공하는 사람을 연구 조사한 결과 그들은 IQ가 아니라 '자기조절력'이 좋았다는 것이다. 더 놀고 싶고, 자고 싶고, 먹고 싶은 걸 잘 조절하고 통제할 줄 아는 사람이 성적도 좋고, 사회에서도 성공했다는 것이다.

일본에 유명한 신경과학자인 다마지오 박사는 '뇌가 신체의 감각기, 그리고 여러 장기와 상호작용을 하면서부터 의식과 감정이 생겨나고 비로소 사고가 가능해진다'고 말한다. 뇌가 단독으로 '생각'하는 것은 불가능하고, 피부가 감정이나 의식에 미치는 영향이 매우 크다는 주장이다.

피부의 적절한 역할을 통해서 사람은 생각을 하게 된다. 생각할 수 있어야 사람이다. 그만큼 생각하는 과정은 그 사람의 모든 것에 영향을 미친다. 그 생각들이 우리의 의식과 성격을 이루게 된다.

우리는 실수나 미숙한 행동을 했을 때 "내 생각이 짧았어"라고 말한다. 생각이 짧으면 여러 가지 상황을 모두 고려하여 정확하게 판단하기 어렵다. 생각하는 힘이 강해지면 좀 더 올바른 판단을 할 수 있게 되고 행동은 더욱 성숙해진다.

자기조절력은 바로 사고하는 과정을 통해서 이루어진다. 깊게 생각하게 되면 지금 당장 편하고 좋은 것보다 좀 더 생산적인 것을 선택하게 되고, 생각하는 과정 가운데 내면은 더욱 성숙해진다.

아이도 마찬가지다. 아이에게 깊이 집중하고 충분히 생각하는 힘이 있다면 좀 더 성숙하고 올바른 행동으로 이어진다. 아이의 실수나 미숙한 행동에 대해 '넌 도대체 왜 그러니?'라고 핀잔을 줄 게 아니라 생각하는 힘을 길러주는 몸놀이를 많이 해주어야 한다.

요즘 아이들은 자극적이고 강한 자극에 많이 노출되어 있다. 충분히 생각해서 재미있다고 느끼는 것보다 짧은 시간에 짜릿한 만족감을 주는 것에 더 흥미를 느끼게 된다. 그러면서 아이는 점점 주의가 산만해지고 충동적인 것을 지향하고, 잠깐 참고 기다리는 것도 잘하지 못한다. 소리를 꽥꽥 지르고, 불을 껐다 켰다, 문을 열었다 닫았다, 물건을 던지고 부수고, 한 곳에 가만히 앉아 있지 못한다. 특히 몸놀이가 부족하면 시각적인 만족감을 주는 자극적인 것을 찾게 된다. 그러면 뇌에서는 그 외의 감각은 불필요하다고 여겨 가지치기가 진행

된다. 점점 더 감각의 불균형이 심해진다.

몸놀이를 하면 내 몸의 다양한 느낌에 대해 생각하고 고민하게 된다. 학창시절에 극기훈련이나 체력장과 같은 힘든 운동을 할 때 머릿속으로 얼마나 많은 생각을 했는지 떠올려보자. 동작 하나하나를 머릿속으로 시뮬레이션해본다든가, 긴장을 풀기 위해 여러 가지 방법을 고민하면서 폭발적인 사고과정을 거쳤을 것이다. 이렇게 몸이 힘든 것을 잘 이겨내려고 생각하고 견디면서 자기조절의 기회를 갖게 된다. 이런 기회를 많이 갖게 되면 당연히 자기조절력이 좋아진다. 더 나은 판단력을 갖게 되고, 생각과 행동이 성장한다.

또한, 몸놀이를 하다 보면 자연스럽게 감정 경험이 많아지게 된다. 재미있어서 웃고, 실수로 부딪히거나 다쳐 울기도 한다. 자기 뜻대로 놀이가 안 풀리면 짜증이 나기도 하고, 속상해서 삐치기도 한다. 자기 감정뿐만 아니라 함께 하는 부모의 감정도 느끼게 된다. 상대의 표정을 살피고 몸의 움직임을 관찰하며 상대방의 기분과 정서를 알아간다. 그렇게 몸놀이를 하는 동안 아이는 다양한 감정을 직간접적으로 경험하게 된다. 이런 감정 경험은 아이의 감정조절능력을 키워준다. 따라서 몸놀이를 통해서 감정조절능력이 좋아진 아이는 훌륭한 스포츠스타가 될 가능성이 높다. 스포츠 선수는 위기 상황에서 아슬아슬한 긴장감을 잘 조절하여 마음을 다잡고 집중할 수 있어야 한다. 몸놀이를 하면서 여러 번 감정을 조절해본 경험은 곧 자기 자신을 조절하고 통제할 수 있는 능력으로 이어진다.

자기조절을 잘하는 아이로 타고난 아이는 없다. 어떤 경험을 했느냐가 자기조절능력을 높이기도 하고, 그 능력을 없애기도 한다. 그런 면에서 몸놀이는 자기조절력을 높이는 데 매우 탁월하다.

아이의 자기조절능력을 돕기 위해서 부모가 먼저 해야 할 일이 있다. 귀찮고, 쉬고 싶고, 혼자만의 시간을 보내고 싶은 부모의 마음을 조절하자. 그 마음을 조절하여 아이와 몸놀이 하는 순간, 아이는 부모를 통해 자기조절능력을 배운다. 함께 생활하는 가운데, 부모가 자기 욕구를 조절하여 귀찮고 힘든 것에 도전하는 모습을 보여준다면, 아이 역시 자기조절력이 팡팡 상승할 것이다.

Q 한번 시작하면 끝없이 계속 몸놀이를 해달라고 해요.

A 포만감 아시죠? '아~ 먹을 만큼 먹었다. 놀 만큼 놀았다. 잘 만큼 푹 잤다. 쉴 만큼 쉬었다'라고 느끼는 게 포만감입니다. 아이의 놀이에도 포만감이 있습니다. 감각을 느끼는 과정이 아이에게는 놀이의 동기가 됩니다. 처음 그 감각을 느끼면 너무 재미있어서 계속하고 싶어집니다. 우리가 처음 연애를 시작할 때 보고 있어도 보고 싶고, 그래서 온종일 같이 있어도 그 다음 날 또 만나고 싶었던 그런 비슷한 이유라고 볼 수 있습니다. 처음 그네를 탔을 때 전정감이 느껴지고 바람의 속도감이 느껴지는 느낌, 공중에서 다리가 뜨면서 마치 하늘을 나는 그 느낌이 너무나 재미있습니다. 그래서 아이는 그네를 또 타고 싶어 합니다.

놀이터에 가면 여러 가지 기구가 있지만, 아이들에게 그네가 가장 인기 있는 것은 이런 이유 때문입니다. 처음에는 타도 타도 또 타고 싶어합니다. 그러다가 '아~ 탈 만큼 탔다. 그네를 타면서 느껴지는 감각을 느껴볼 만큼 느껴봤다. 그래서 이 감각이 무엇인지 이해가 됐다'는 포만감이 생기면 다른 놀이로 관심이 바뀌게 됩니다. 그때 그네에서 내려오게 되는 것이지요.

몸놀이도 마찬가지입니다. 몸놀이를 통해서 그 감각의 재미를 느끼게 되면 계속하고 싶어지는 건 당연합니다. 그 몸놀이를 통한 감각을 완전히 자기 것으로 만들기 위한 적극적인 반응인 셈입니다.

아이가 성장하면서 포만감이 들기까지의 시간의 길이는 점차 달라지는데요. 즉, 점점 짧아지게 됩니다. 보통 감각 경험을 충분히 하고 있는 아이들은 포만감을 느끼는 시간이 좀 더 빨리 짧아집니다. 경험에 의한 감각을 인식하고, 신체를 통해 그 감각을 조절하는 것이 원활하게 이루어지기 때문입니다. 하지만 감각 경험이 적은 아이들은 포만감을 느끼기까지 걸리는 시간이 훨씬 길고, 따라서 다른 활동으로 관심과 놀이가 바뀌는 데도 더 오래 걸릴 수밖에 없습니다.

아이에게 몸놀이를 해줬더니 끝을 모르고 계속해달라고 해서 힘들다고 말하는 경우도 있습니다. 이런 부모님께는 다른 질문을 해볼게요. 아이가 매일 편의점에 가서 아이스크림을 사달라고 하면 매일 편의점에 갈 때마다 아이스크림을 사주어야 할까요, 사주지 말아야 할까요?

또 다른 질문입니다. 아이가 친구를 좋아해요. 친구와 아침부터 놀았지만 집에 갈 시간이 지났는데도 친구와 놀고 싶다고 합니다. 그럼 밤늦은 시간이 될 때까지 친구와 놀게 해야 할까요, 아니면 이제는 그만 집에 가야 한다고 해야 할까요?

아이는 성장하면서 많은 능력을 갖추게 되는데요. 그중에 매우 중요한 한 가지는 바로 자기조절능력입니다. 자기통제능력은 자신의 욕구와 감정 등을 스스로 통제, 조절할 수 있는 능력입니다. 아이스크림을 먹고 싶어도 밥을 먹고 나서 먹도록 기다릴 수 있는 능력, 친구와 더 놀고 싶지만 날이 어두워지고 잠잘 시간이니 참고 집으로 가는 욕구 억제 능력, 그리고 내일을 기대하며 집에 가서 잠을 자고 아침이 될 때까지 기다리는 능력, 이런 경험이 쌓여야 자기조절이 원활한 아이로 성장할 수 있습니다.

아이가 재미를 충분히 느낄 만큼의 여유 있는 몸놀이를 해주시고요, 하루 30분이면 좋습니다. 약속된 시간을 넘기면 하고 싶어도 참고 중단할 수 있게 도와주세요.

Chapter 4

몸으로 세상을 배우는 아이들

건강한 자아 발달의 시작은 '몸'

"자! 선생님과 함께 큰 소리로 외쳐요."

"난 할 수 있다."

"난 최고다."

"난 멋지다."

수업시간에 내가 아이들과 함께 큰소리로 자주 외치는 말이다. 이런 구호를 외치는 이유는 아이의 자아 발달을 위해서다. 긍정적인 자아 형성을 돕기 위한 과정 중 하나다. 그렇다면 '자아'란 무엇인가? 자아에 대해 우린 어떻게 이해해야 할까?

사람이라면 누구에게나 자아가 있다. 하지만 '자아'는 눈에 보이지도 않고 만질 수도 없다. 자아의 모양을 알 수도 없다. 바람처럼 어떠한 현상의 변화로 알아차릴 수 있는 것도 아니다. 있는지 없는지, 그 크기는 어떠한지 직접 느껴볼 수 없다. 그렇지만 분명한 건, 우리 모두에게는 '자아'가 있다는 것이다.

'자아' 말고도 눈에 보이지 않지만 인간에게 있어 매우 중요한 것이 몇 가지 더 있다. '생각', '마음', '감정', '감각' 역시 우리 눈에 보이지는 않지만 한 사람의 삶을 크게 좌우하는 중요한 것들이다. 아이가 사람으로서 성장하는 것, 어떤 생각을 하고, 지금 무슨 행동을 할지를 결정하게 되는 것은 이것(눈에 안 보이는 것)들에 의해서다. 그럼 이 중요한 '생각, 마음, 감정, 감각'들은 어떻게 형성되는 것일까?

이 중요한 요소들을 이끌어가며 지휘하는 방향키가 되는 것이 있다. 바로 '자아'다. 자아는 자기 자신에 대한 인식이나 생각을 뜻한다. 자아는 그 사람의 인생의 방향을 제시하고, 인생을 살아갈 이유를 만들어준다. 그래서 자아가 중요하다.

눈에 보이지 않는 아이의 자아 발달에 대해 우리는 적극적인 관심을 가져야 한다. 아이의 자아에 대해 알고자 노력해야 한다. 아이의 자아가 어떻게 발달하는지 알기 위해서는 먼저 '아이의 몸'에 관심을 두어야 한다. 자아 발달은 아이의 몸에서 시작되기 때문이다.

아이의 몸과 그리고 몸놀이 과정이 자아를 어떻게 발달시키는지 살펴보자. 자아 발달에 대해서는 언급할 수 있는 이론과 정보들이 참 많지만, 이 책에서는 그 과정을 다음과 같이 이야기하고자 한다.

자아를 발견한다 → 자아를 인식한다 → 자아를 표현한다 → 자아를 발달한다

1. 자아를 발견한다

세상에 태어난 아기는 자신 자신과 엄마를 한 인격체로 동일시한다. 하지만 이런 시기는 길지 않다. 점차 아기는 자신과 엄마가 다른 존재임을 깨달아간다. 엄마가 자신의 몸을 만져주는 과정에서 자신과 엄마의 몸을 보면서 서로 각각 존재하는 것임을 알게 된다. 또한, 자신의 몸을 움직이고, 자신의 움직임과 다른 엄마 몸의 움직임을 구별하면서 자아를 발견해나가게 된다.

자아를 발견하는 과정 중에 '자기탐구'라는 것이 이뤄진다. 자기탐구는 크게 두 가지 상황에서 이뤄진다. 아기는 누군가 자신을 만질 때 자기 몸이 어떻게 생겼는지 생각하게 된다. 그리고 몸으로 느껴지는 것에 대해 생각한다. 이것이 첫 번째 자기탐구이다. 두 번째는 모방을 통한 자기탐구 과정이다. 아이는 다른 사람, 특히 엄마의 반응과 행동을 보고 자신의 몸을 떠올리면서 그 모습을 모방한다. 이렇게 아이는 몸으로 느끼고 탐구하며 자신의 모습을 발견한다. 이 과정은 자신을 적극적으로 알아가는 자아 발달의 기초가 된다.

2. 자아를 인식한다

아이는 자신의 몸을 만져주고 안아주고 쓰다듬어주는 부모의 손길을 통해 사랑받고 보호받는 자아를 알아가게 된다. 그렇게 부모와의 관계가 시작되고, 안정적인 애착이 형성된다.

아이가 자신과 주변인들이 다르다는 것을 인지하기 시작하면 사람들과 스킨십을 주고받으면서 자신의 신체적 변화도 잘 받아들이고, 물건을 만져서 다룰 줄 알게 되면 그에 대한 지식도 깊어진다. 아울러 더 넓은 세상의 사람들과 교류하며 견문을 넓힌다. 아이들은 타인과의 스킨십, 물건 조작을 통해서 공간의 크기, 모양, 물건의 구조, 기쁨, 사랑과 같은 방대한 감각들을 익힌다. 아기들은 자신들이 인지한 대로 세상에 반응을 한다.

필리스 데이비스, 《스킨십의 심리학》 중에서

아이는 자신의 몸을 통해 자아를 인식하면서 성장한다. 몸을 통해 감각을 느끼고, 그 감각을 감정으로 반응한다. 그리고 자신의 몸에서 비롯한 감정을 표현하는 과정에서 적극적으로 생각하게 된다. 예를 들면 이렇다. 아이는 아프면 운다. 몸으로 느끼지는 아픈 감각을 통해 감정을 느낀다. 그러면 왜 아픈지, 엄마에게 어떻게 표현해야 하는지 생각하게 된다. 울기도 하고, 버둥거리기도 하고, 말로 표현하기도 한다. 아픈 것을 표현했더니 엄마가 와서 보살펴 주고 안아줬다. 아이는 자신이 사랑받는 존재이고, 누군가에게 소속되어 보호되고 있는 존재임을 인식한다. 그러면 안전한 것과 소속되어 있다는 것이 중요하다고 인식한다. 그 이후부터는 위험하다고 느끼거나 소속되어 있다고 느껴지지 않으면, 불안해하고 도움을 청하는 행동으로 이어진다. 이렇게 복잡하고 광범위하게 이뤄지는 과정을 통해서 아이는 자신을 인식하게 된다.

3. 자아를 표현한다

필리스 데이비스는 그의 저서를 통해 이렇게 말했다. "스킨십은 세상을 향해 우리의 의향을 몸으로 표현하는 도구이다. 아기가 친근하게 의사소통을 할 수 있는 방법은 스킨십밖에 없다."

자아가 발달하면서 아이는 자신의 것들을 꺼내기 시작한다. 관심 있는 것으로 몸을 움직여 다가가서 만진다. 자신의 감정을 표정과 몸으로 표현한다. 기분 좋으면 웃고, 슬프면 목청 터지라 운다. 신이 나면 몸을 들썩이며 춤을 추고, 즐거우면 흥얼거리며 노래를 부른다. 엄마의 사랑과 관심이 필요하면 몸을 움직여 엄마에게 다가간다. 엄마를 쳐다보고, 엄마의 움직임에 따라 같이 이동한다. 엄마에게 자신의 몸을 안아달라고 한다. 자신과 엄마의 몸을 맞대며 엄마를 적극적으로 느끼고자 몸으로 표현한다.

아이는 이렇게 자아를 표현한다. 그리고 표현하는 자신의 모습을 또 발견하고 인식한다. 자아를 표현하면서 타인의 반응도 받아들이게 된다. 타인의 반응에 대해 아이는 생각하고, 그 생각을 다시 표현하게 된다. 이렇게 자아 표현을 통해 타인과의 상호작용이 점차 확장되어간다. 부모와 소통이 활발해지며, 자아 발달이 더욱 촉진된다.

4. 자아가 발달한다

자아 발달은 아이가 접하는 세상의 것들을 받아들일 수 있는 저장고로서 역할한다. 따라서 자아가 건강하게 발달해야 세상의 것들을 잘 이해하고 받아들여 인지능력이 향상된다. 인지능력의 향상은 언어 발달을 돕고 사회성 발달을 이끈다. 자아가 발달하는 데 있어서 '아이의 몸'은 기준점이자 잣대가 된다.

나는 누구인가?

나는 무엇을 할 수 있나?

나는 무엇을 좋아하고, 또 무엇을 싫어하는가?

나는 다른 사람과 무엇이 다르고, 무엇이 비슷한가?

나의 모습은 어떠한가?

나는 어떤 생각을 하는가?

나는 왜 이 행동을 하고 싶은가?

지금 나의 감정은 어떠한가? 이 감정이 뜻하는 것은 무엇인가?

아이는 자아 발달을 하는 과정에서 이러한 질문에 대한 해답을 찾아가게 된다. 아이는 몸으로 경험한 것으로 생각하게 되고, 그 생각의 재료가 쌓이고 쌓여서 답을 알아가게 된다. 모든 발달이 그렇듯이 자아 발달은 아이마다 차이가 있다. 자아 발달이 빠르게 진행되는 아이도 있고, 매우 늦는 아이도 있다. 아이들의 발달은 서로 긴밀하게 연결되어 있어서 자아 발달이 늦어지면, 전반적인 발달이 늦어질 수 있다.

그렇다면 자아 발달이 건강한 속도로 이뤄지려면 어떻게 해야 할까? 역시 답은 아이의 '몸'에 있다. 앞서 알아봤듯이, 자아가 발견되고 자아를 인식하고 발달해가는 과정의 시작이 바로 '아이의 몸'에서 비롯되기 때문이다.

자존감 높은 아이는 무엇이 다를까?

아이는 시간이 흐르면서 점차 키가 크고 몸이 커진다. 이것이 성장이다. 아이의 내면은 생각들로 채워지고, 자아는 점점 커진다. 이것이 성숙이다. 성장하고 성숙해지는 것이 발달의 과정이다. 아이의 겉모습은 커지고, 늘어나고, 무거워진다. 내면을 채우는 생각과 자아 발달도 비슷하다. 그 크기가 커지고, 늘어나며 단단해진다.

자아의 크기에 따른 아이들의 행동 특성은 다음과 같다. 자아는 눈에 보이지 않기 때문에 절대적으로 말하기는 어렵지만, 보편적으로 나타났던 특성이라는 것을 참고하길 바란다.

자아가 큰 아이는 목소리가 크다. 잘 웃고, 잘 운다. 행동이 자신 있다. 뭐든지 해보려고 한다. 말이 많다. 의욕이 많다. 움직임이 많다. 호기심이 많다. 존재감이 확실하다. 주도적이다. 스스로 해보려고 한다.

자아가 작은 아이는 목소리가 작다. 감정 표현이 소극적이다. 몸이 위축되어 있다. 머뭇거리는 시간이 많다. 스스로 결정하는 것을 어려워한다. 수동적이다. 부끄러움을 많이 탄다. 말수가 적다.

자아가 커진다고 자존감이 높아지는 것은 아니지만 일단 자아가 커져야 한다. 자아가 커져야 생각이 활발해지고 행동에 자신감이 생기고 표현이 많아진다. 의욕도 높아져 무엇이든지 시도해보려는 적극적인 모습을 보이게 된다. 그 가운데 아이는 작은 성공을 경험하게 된다. 작은 성공 경험이 쌓이면 아이는 긍정적인 자아개념이 생기고 자존감이 높아진다.

최근 사회 전반적으로 자존감에 대한 관심이 높아졌다. 부모는 자녀가 자존감 높은 아이로 자라길 바란다. '자존감'은 자신을 가치 있게 여기고 존중하는 마음이다. 타인의 평가가 아닌, 자신이 자기를 바라보는 관점과 생각이다. 자존감이 낮으면 우울해지고 무기력해지기 쉽다. 자신의 능력을 충분히 발휘하지 못하고, 사람들과 원만한 관계를 유지하기 힘들 수 있다. 그렇다면 자존감은 어떻게 높아지는 것일까?

아이의 자존감이 높아지는 환경

아이의 몸으로 변화의 움직임을 따라잡을 수 있는 곳, 아이가 몸으로 적극적으로 탐색할 수 있는 곳이 좋다. 변화의 속도가 빠르지 않아 아이가 그 속도를 이해하고 따라갈 수 있는 환경이 아이의 자아를 크게 만든다. 자연은 움직인다. 변화하고 이동한다. 하지만 속도가 느리다. 봄이 되면 새싹이 피어나고, 개나리, 진달래꽃이 핀다. 여름이 되면 꽃이 떨어지고 푸른 잎이 무성해진다. 가을이 되면 나뭇잎이 갈색이 되고 떨어진다. 겨울이 되면 나무는 앙상한 가지만 남게 되고, 눈이 오면 온 세상이 하얗게 된다. 그러한 자연의 속도는 아이들이 이해하고 변화를 알아차리기에 충분하다. 아이는 자연의 속도를 따라가고 넘어설 수 있다.

아이의 자존감이 높아질 수 없는 환경

아이보다 속도가 빠르면, 아이는 그 환경을 이해하고 반응하기에 힘겹다. 그래서 자아가 커지지 못하고 작아진다. 빠르게 지나가는 자동차, 거대하게 움직이는 엘리베이터와 에스컬레이터, 화려하고 반짝거리는 네온사인과 전광판, TV, 거대한 영상화면 같은 것들이 아이의 자아를 작게 만든다.

처음 봤을 때 시원이는 한눈에 봐도 주눅이 들어 있었고, 스스로 하고 싶어 하는 것이 없었다. 놀랍게도 시원이는 장난감을 사달라고 조르는 또래의 아이들과 달리 부모님께 무언가를 갖고 싶다고 요구한 적이 거의 없다고 했다. 시원이의 이런 성향은 스마트폰을 보기 시작하면서 더욱 강화되었다. 스마트폰만 있으면 다른 것에는 거의 관심이 없었다.

그렇다 보니 시원이는 스마트폰을 참 많이 봤다고 했다. 시원이는 영상의 빠른 화면을 그대로 닮은 시선을 가지고 있었다. 시선이 한곳에 머물지 못하고 계속 옆이나 위아래로 움직였다. 고개도 수시로 왔다갔다했다. 얌전하고 한자리에 잘 앉아 있지만, 시선은 1초도 가만히 있지 못했다. 계속 장면의 변화를 찾는 시선은 매우 분주했다.

일단 아이의 시선이 길어지도록 하는 것이 급선무였다. 나는 수시로 시원이의 머리와 얼굴, 목 주변을 마사지했다. 그럴 때면 시원이는 얼굴을 찡긋거리면서 힐긋 날 쳐다보았다. 눈이 마주친 나는 환한 웃음으로 아이의 눈 맞춤을 반겼다. 그러나 이 반가운 눈 맞춤은 2초를 넘기지 못하고 금세 시선은 분산되었다. 이 아이에게는 2초의 눈 맞춤도 긴 시간이었다.

시원에게는 눈동자로 세상을 보는 것이 아니라 온몸으로 세상을 느끼는 경험이 필요했다. 누워서 발로 아이를 들어 올리는 비행기 태우기를 해주었더니 시원이는 낯설어하며 몸을 이리저리 비틀었다. 다행히도 시원이는 비행기 놀이를 좋아했지만 웃고 몸을 비트느라 내 눈을 보지 않았다.

이어서 쎄쎄쎄 놀이를 했다. 나의 손동작을 따라 해야 하는데, 시원이는 몸을 팔짝거리기는 하지만 전혀 비슷하지 않았다. 손과 팔을 흔들기는 하나 선생님인 나를 보는 게 아니라 시선은 오른쪽 저 멀리, 왼쪽 저 멀리, 위쪽 어디쯤으로 정신없이 왔다갔다했다.

팔을 함께 잡고 같이 흔들어주었다. 그렇게 흥미를 유도하고, 즐거운 분위기를 이어갔다. 그러면서 종종 시선이 분산되지 않게 고개를 잡아주었다. 눈 주변을 손가락으로 살짝살짝 건드리면서 집중을 유도했다.

하루는 이 아이의 고개가 무의식적으로 계속 움직인다는 것을 알아챘다. 그래서 아이의 귀를 잡고 도리도리 놀이를 하다가 고개가 고

정되도록 잡고 마주 바라보았다. 고개가 움직이지 않도록 손으로 머리를 잡았다. 시선을 끌기 위해 일부러 윙크도 하고, 콧구멍도 벌렁벌렁했다. 입을 벌려서 혀를 움직여 뱀처럼 날름날름 내밀었다.

아이는 고개를 움직이지 못하게 하는 것을 견디기 힘들어했다. 어떻게든 고개를 움직이려고 했고, 급기야 짜증을 내고 울기도 했다. 하지만 난 아이를 보며, 손으로는 아이의 고개를 잡고, 재미있는 표정으로 아이의 흥미와 관심이 유지되도록 애썼다.

나는 아이와 마주 앉아서 아이의 반응에 초집중하였다. 고개도 잡고, 몸도 꽉 안았다. 그러다가 점점 나도 힘이 들기 시작했다. 하지만 조금 더 지속적인 신체접촉이 필요함을 느꼈다. 그래서 아이를 바닥에 눕히고 나는 무릎을 세워서 앉았다. 그리고 손으로 터널 모양을 만들었다. 아이의 이마에 손을 얹고 아이 얼굴에 내 얼굴을 가까이 가져갔다. 내 손으로 만든 터널로 아이의 주변 시야를 차단했다. 내 얼굴밖에 보이지 않도록 했다. 그러면서 입술을 뽀뽀하듯이 모았다 떼면서 '추압추압(쪽쪽쪽)' 하고 소리를 내도록 유도했다.

처음에는 모방을 말로 했다. 시원이는 입술을 붙였다 뗐다 하는 것은 전혀 없이 '쪽쪽쪽' 말만 따라 했다. 몇 번을 더 눈을 마주치고 내 입을 계속 보여주었다. 위아래 입술에 힘을 주어 앞으로 쭉 내밀고, 숨을 빨아 들이쉬면서 '추압추압' 이렇게 입술을 보여주었다. 고개를 잡고 주변 시야를 차단한 상태에서 내 얼굴과 아이 얼굴이 아주 가까이 있는 모습으로 이렇게 3~4분 정도 아이와 입술 내밀기를 계속 했다.

아이가 내 눈과 내 입술을 번갈아 쳐다보았다. 난 눈을 더 크게 뜨고, 입술을 더 힘주어서 쭉 내밀었다. '추압추압' 드디어 아이가 입술을 붙였다 떼면서 귀여운 소리를 냈다. 빙고! 난 아이에게 격한 세레모니를 했다. 얼굴과 머리를 쓰다듬고, 등을 토닥거렸다.

"와~ 정말 잘했다. 최고! 짱이야. 파이팅!"

아이의 몸을 껴안아 주었고, 두 손을 맞대며 파이팅을 몇 번이나 외쳤다. 엄지를 척 하고 들고, 최고라고 칭찬과 격려를 아끼지 않았다.

어느 날은 마사지를 해주려고 시원이의 등과 어깨를 만졌는데 아이가 굉장한 거부반응을 보였다. 표정을 찡그리며 나를 흘겨봤고, 손과 팔을 버둥거리며 내 손길을 저지하려고 했다.

'이건 뭐지? 왜지?'

신체 일부를 만졌는데, 반응 정도가 너무 빠르거나 느린 것은 해당 신체 부위의 감각 발달이 느리거나 통합이 잘 안 되었기 때문일 수 있다. 신체 부위 중에 앞은 눈에 잘 보이므로 그 감각에 대해 우선적으로 의식하고 발달할 기회가 있다. 하지만 등쪽에는 눈이 없으니 보이지 않는다. 그래서 몸을 많이 움직이지 않고 접촉이 적으면 등쪽은 발달이 늦어지거나 감각이 둔해질 수밖에 없다.

나는 아이를 일으켜 세웠다. 어깨를 잡고 뒤로 걷도록 했다. 아이는 어쩔 줄을 몰라 했다. 중심을 못 잡고 엉덩방아를 찧었다. 이번에는 앉은 상태에서 땅에 손을 짚어서 엉덩이를 뒤쪽으로 움직여 이동하도록 했다. 함께 하는 친구들과 이 방법으로 달리도록 했다. 그중에서 시원이는 유독 어떻게 움직여야 하는지 도통 감을 잡지 못했다.

이때부터 나는 시원이에게 눈에 보이지 않는 '몸의 뒤'를 경험하도록 했다. 어깨와 등 마사지, 두드리기, 누르기 등의 신체접촉을 했다. 빨래집게를 등 쪽에 꽂아서 뒤로 손을 뻗어 빼는 놀이를 했다. 테이프나 밴드를 등이나 엉덩이 쪽에 붙여주었다. 뒤로 걷기, 뒤로 뛰기, 엉덩이로 뒤로 걷기, 누워서 뒤로 수영하듯 발로 밀어서 뻗어 나가기 같은 활동을 끊임없이 했다. 나는 시원이가 뭔가 해낼 때마다 칭찬을 아끼지 않고 해주었다.

시원의 몸은 이전에는 약간 앞쪽으로 굽었는데, 차츰 힘이 생기면서 반듯한 자세를 갖추게 되었다. 언젠가부터는 뒤로 움직이는 활동도 자신 있게 해냈다. 그리고 시원이는 더 이상 스마트폰을 보지 않게 되었다. 스마트폰을 쳐다보고 있는 것보다 몸을 움직여서 성취하는 기쁨이 훨씬 크다는 것을 알게 되었기 때문이다.

‘힘’을 경험하는 것이 중요한 이유

“나 힘세!”

“내가 더 힘세거든!”

아이들은 자랑하기를 좋아한다. 특히 힘자랑을 좋아한다. 친구와 줄다리기를 해서 힘이 세다는 것을 보여주려고 한다. 가만히 둬도 되는 책상과 걸상을 들고 움직이면서 힘자랑을 한다. 이런 현상은 남자아이들 사이에서 좀 더 두드러진다. 남자아이들 그룹에서 힘센 아이가 ‘짱’을 먹는 것도 이와 비슷한 이유라고 볼 수 있다.

힘이 있어야 할 수 있는 것들이 있다. 우리가 특별히 의식하지 않았지만 힘이 있어야 가능한 것의 일부를 나열해보았다.

- 숨을 쉴 수 있다. 숨을 크게 쉬고 내쉬면서 심신의 안정을 느낄 수 있다.
- 코를 팽~하고 풀 수 있다.
- 답답하게 막힌 가래를 ‘캭 퉤!’ 뱉을 수 있다.

- 딱딱하고 질긴 음식을 씹을 수 있다.
- 음식을 목구멍 뒤로 잘 넘길 수 있다.
- 호흡을 모아서 생일초를 끌 수 있다.
- 시원하게 감정을 쏟아내며 울 수 있다. 웃을 수 있다. 감정을 해소할 수 있다.
- 방귀, 소변, 대변을 잘 배출할 수 있다.
- 잘 기다릴 수 있다.(기다릴 수 있는 것도 힘이 필요하다.)
- 생각과 집중을 할 수 있다.(나는 몸을 움직일 때보다 책을 쓰는 몰입의 시간이 더 배고프게 한다는 걸 몸으로 깨닫고 있다.)

이 밖에도 힘에 의해 이뤄지는 것은 셀 수 없다. 우리는 힘이 없으면 단 하루도, 한순간도 살 수 없다. 심장이 뛰는 것, 호흡하는 것, 먹은 것을 소화하는 것, 이 모든 것이 힘이 있어야 가능하다. 의식하지 못하지만 매일 숨쉬고 호흡하는 신체의 작용들은 힘에 의해 일어난다. 또한, 의식적으로 하게 되는 어떤 작업이나 움직임에도 당연히 힘이 필요하다.

특히 아이가 성장하는 과정에서 의식적으로 이뤄지는 행동들은 아이의 힘이 늘어날수록 할 수 있는 것들이 늘어난다. 숟가락질만 하던 아이가 젓가락을 사용하게 되고, 겨우 걸음마 하던 아이가 두 발로 점프하게 된다. 2~3음절의 간단한 문장을 말하던 아이가 긴 문장을 쉽없이 말하게 되는 것, 이 모든 과정이 힘을 잘 쓰게 되면서 가능해진 것들이다.

그래서 아이는 의식하든, 의식하지 않든 매일 힘을 쓴다. 매 순간 힘을 쓰며 자신의 능력에 대해 알아가고 영역을 넓혀간다. 자기가 할 수 있는 일들을 알아가며 세상을 적극적으로 탐색한다. 그리고 탐색하는 과정에서 계속 힘을 사용하다 보니 점점 더 힘이 강해진다. 자신의 힘으로 할 수 있는 것들이 늘어난다. 그리고 새로운 것, 더 어려운 것들로 능력의 범위가 확장된다. 이렇듯, 아이가 힘을 쓴다는 것은 아이의 발달에 있어 매우 중요한 의미가 있다.

그렇다면 힘을 쓰는 것을 어떻게 알 수 있는가? 힘은 눈에 보이지 않지만, 힘이 가해졌을 때 물리적 변화를 통해서 힘이 작용한다는 것을 알 수 있다. 귤을 손에 쥐고 있다고 상상해보자. 손에 강한 힘을 주고 귤을 들고 있는 것과 약한 힘을 주고 있는 것은 겉으로 봐서는 구분이 어렵다. 하지만 강한 힘으로 귤을 쥐고 있다면 귤에서 즙이 나고 부서질 것이다. 이런 현상을 통해 힘에 의해 귤이 변화했음을 알게 된다.

이렇듯, 힘은 눈에 보이지 않지만 힘이 미치는 영향은 매우 크다. 특히 동물세계에서는 더욱 그렇다. 눈으로 볼 수 없는 힘의 세계가 동물들의 생존법칙이 된다. 그리고 동물 각각의 힘은 그들 세상의 질서를 만들고 있다.

"하룻강아지 범 무서운 줄 모른다." 어리고 약한 사람이 자기보다 훨씬 강한 상대에게 겁 없이 덤벼들거나, 자기 힘으로는 도저히 할 수 없는 일을 무턱대고 하려고 할 때 사용하는 속담이다. 태어난 지 하루도 안 된 어린 강아지라서 호랑이 무서운 줄 모르고 겁도 없이 덤벼들 수 있는 것이다. 하지만 범의 힘을 경험하고 나면 범에게 덤벼드는 어리석은 행동은 하지 않을 것이다.

우리 아이들도 하룻강아지처럼 행동할 수 있다. 힘을 경험해보지 못해서 힘의 의미를 모르면 하룻강아지가 범에 덤비는 어리석은 행동과 같은 모습을 보일 수 있다. 어른에게 버릇없게 구는 것, 부모를 때리거나 공격하는 것, 부모의 말을 듣지 않고 불러도 반응하지 않는 것, 부모의 심부름을 무시하는 것, 이러한 행동들이 범 무서운 줄 모르는 하룻강아지 같은 모습이다.

아이는 왜 부모의 말을 듣는가? 아이는 왜 어른의 말을 듣고 지시에 따르는가? 이 시간 함께 생각해 보고자 한다. 아이가 왜 부모의 말을 듣는지 그 이유를 알 필요가 있다. 그동안 굉장히 당연하다고 여겨서 한번도 생각해보지 못한 질문일 수 있다. 하지만 그 이유를 알면 말을 잘 안 듣는 아이에게 어떻게 해야 하는지 해답을 얻을 수 있다.

아이가 부모(어른)의 말을 듣는 이유는 세 가지로 정리해볼 수 있다.

첫 번째, 부모는 아이보다 몸이 크고, 키가 크다.(목소리도 크다.)

두 번째, 부모는 아이보다 힘이 세다.

세 번째, 부모는 아이보다 잘하는 게 많다.

굉장히 아이스러운 이유라고 생각되겠지만 아이는 이렇게 자기 중심으로 상대방을 이해한다. 특히 '힘'과 관련되어 있는 두 번째 이유에 대해 자세히 생각해보자.

부모는 아이보다 힘이 세다. 부모는 아이를 안아주고, 들어주고, 흔들 수 있는 힘을 가지고 있다. 아이가 들지 못하는 무거운 물건을 거뜬히 들 수 있다. 버둥거리는 다리를 잡아서 기저귀를 채울 때, 먹기 싫은 약을 붙잡고 먹일 때, 이럴 때 아이는 자신의 힘으로 부모를 이길 수 없다는 것을 깨달으면서 부모의 센 힘을 알게 된다.

그러면 말을 안 듣는 아이는 왜 그런 걸까? 부모가 자기보다 힘이 세다는 것을 모르는 것일까? 아니면 힘이 세다는 것을 알아도 그것이 자신과 상관없다고 생각하는 것일까?

'힘'은 서로 접촉하면서 몸으로 느낄 수 있는 것인데, 아이와 부모의 신체 접촉이 적었다면 아이는 부모가 힘이 세다는 것을 모를 수 있다. 부모의 힘을 알아야 아이는 부모의 하는 말에 좀 더 집중한다. 때에 따라서 부모가 화를 낼 때면, 더 거세게 표현되는 힘을 느끼게 된다. 그러면 아이는 조금 더 긴장하게 된다. 당연히 더 긴장해야 한다. 부모의 힘을 느끼고 그 의미를 알아야 하기 때문이다.

아이가 부모의 힘을 경험하게 되는 것이 바로 몸놀이다. 부모의 힘을 충분히 경험하지 못한 아이는 부모와 건강한 의사소통이 어렵고 타인과의 친밀한 관계 형성에도 문제를 겪게 된다. 그러면서 타인의 힘을 가늠할 수 있는 센스(감각) 발달이 늦어진다.

아이는 자라면서 자연스럽게 부모의 권위를 인식해야 한다. 여기서 한 가지 유의할 것은 부모가 권위적이어야 한다는 것이 아니다. 부모의 지시에 무조건 아이가 복종하고 따라야 한다고 말하는 것은 아니다. 권위적인 것과 권위가 있는 것은 의미가 매우 다르다. '권위'의 사전적 의미는 '남을 지휘하거나 통솔하여 따르게 하는 힘'이다. '권위적이다'의 사전적 의미는 '권위를 내세우는'이다. 자녀를 양육하면서 부모가 권위적일 필요는 없다. 아이가 무조건 부모의 말을 듣도록 해야 하는 것도 아니다. 하지만 부모로서 적절한 권위는 있어야 한다. 그래야 아이와 원활하게 소통하고 건강한 관계를 지속할 수 있다.

흔히 힘의 상징으로 말하는 동물이 있다. 바로 말(馬)이다. 실제로 말을 타보면 굉장한 힘을 느낄 수가 있다. 말이 움직일 때 몸이 같이 들썩이는데, 단순히 흔들의자 같은 놀이기구와는 사뭇 다르다. 말의 강한 힘 때문에 내 몸에도 같이 힘이 들어간다. 따라서 말을 타고 있는 동안은 자연스럽게 집중하게 된다. 그에 따른 성취감과 흥미는 어떤 놀이를 체험할 때보다 높다. 그래서 자폐아동이나 발달장애아들에게 승마 치료를 진행하기도 한다. 주의집중력이 짧고 산만한 아이들이 강한 힘을 가진 말을 타면 말에 집중하면서 신체조절능력이 향상되기 때문이다. 이런 이유로 승마는 감각통합에 효과적이다.

다른 사람이 당신의 팔을 잡았을 때 어떤 느낌이 들었는지 떠올려보자. 당신은 그냥 가만히 있었다. 힘은 상대방이 준 것이다. 하지만 상대방이 쥔 힘 때문에 내 팔에도 자연스럽게 힘이 들어간다. '힘'은 그렇게 신체 접촉을 통해 작용하면 반작용하는 원리를 가지고 있다. 부모와 아이가 서로 몸을 접촉하며 하는 몸놀이에는 그런 힘의 관계가 작용한다. 눈에는 보이지 않지만 눈에 보이는 것보다 훨씬 더 복잡하고 섬세한 과정이 힘을 주고받는 가운데 이루어진다. 몸놀이 하는 동안 작용 반작용의 법칙에 의해 아이는 무의식적으로 힘을 쓰게 되고, 힘을 조절할 수 있는 충분한 기회를 얻게 된다.

아이에게 '힘'의 의미는 매우 중요하다. 지속적으로 아이는 자신의 힘을 경험하며, 힘을 써야 한다. 힘을 쓰면서 작은 힘부터 센 힘까지 경험해야 한다. 그래야 힘을 조절하며 사용할 수 있게 된다. 힘은 눈에 보이지 않지만 내 몸의 모든 작동을 가능하게 한다. 자동차의 모든 기능을 가능하게 하는 엔진과 같다. 자동차가 달리는 것뿐만 아니라 에어컨이 켜지는 것, 비 오는 날 와이퍼가 작동하고, 창문이 올라가고 내려가는 것도 엔진이 있어야 가능하다. 그래서 고급 자동차일수록 강력한 엔진을 사용한다.

우리 아이의 소중한 몸에도 이러한 강력한 엔진이 필요하다. 힘을 적극적으로 경험하고, 사용하고, 조절할 환경을 제공해주어야 한다. 이러한 양육환경에서 아이는 자신의 힘을 통해 스스로 몸을 보호할 줄 알게 되고 성장한다.

우리 아이가 사회성이 부족하다면

"의사소통에서 가장 중요한 것은 상대방이 말하지 않는 것을 듣는 것이다."

현대 경영의 아버지 피터 드러커의 말이다. 상대방이 말하지 않는 것을 들을 수 있는 아이라면, 의사소통능력은 당연히 뛰어날 것이다. 또한, 언어능력도 탁월할 것이다. 사람들 속에서 일어나는 일은 말로 다 표현할 수 없는 것들이 훨씬 많다. 특히, 감정이나 느낌은 언어로 다 표현하는 데 한계가 있다.

사람들 간의 의사소통은 크게 언어적 의사소통과 비언어적 의사소통으로 나눌 수 있다. 말 그대로 언어적 의사소통은 언어로 소통하는 것이고, 비언어적 의사소통은 언어 이외의 것들로 소통하는 것이다. 언어 이외의 것들이라면 눈빛, 표정, 손짓, 행동, 제스처 등이 될 수 있다. 실제로 사람들이 소통할 때, 언어보다 비언어적 의사소통으로 표현되는 것이 훨씬 많다.

서로 아무 말도 하지 않고 1~2분가량 같이 있었다고 하자. 언어로 소통하지 않았으니 상대방에 대해 전혀 모를까? 아무 소통도 되지 않았을까? 아니다. 그 사람에 대해 조금이라도 알게 되는 것이 있다. 표정과 눈빛, 행동을 보고 느끼며 머리에서는 어떤 사람일 거라고 판단하고 있다. 대화를 나누지 않아도 우리는 상대방을 보며 많은 정보를 얻을 수 있다. 그런 정보를 어떻게 잘 수집하느냐가 사회성 발달에 중요한 요인이 된다.

'염치가 없다', '눈치가 없다'는 다소 부적절한 사회적 기술을 보이는 사람들에게 하는 말이다. 반대로 '참 센스 있다'는 어떤 뜻일까? 이 말은 '어떤 사물이나 현상에 대한 감각이나 판단력이 있다. 눈치가 있다. 분별력이 있다'고 해석할 수 있다. 주변 상황을 잘 파악하여 분별력 있게 행동하는 사람들을 칭찬할 때 우리는 '센스 있다'고 한다.

우리는 센스 있는 사람이 되고 싶어 한다. 당연히 내 아이도 센스 있는 아이가 되었으면 한다. 센스(Sense)는 우리말로 '감각'이다. 몸에 있는 감각이 잘 발달하여 적절히 작용하면 우리는 '센스 있는 사람'에 가까워질 수 있다. 몸의 감각을 가장 활발하고 건강하게 사용하는 놀이가 바로 몸놀이다. 그러니 센스 있는 아이로 자라길 원한다면 아이와 몸놀이를 많이 해야 한다.

신체 접촉은 우리에게 많은 것을 경험하게 한다. 어떤 사람과 악수를 한다고 생각해보자. 악수를 하면 상대방 손이 따뜻한지, 떨고 있는지, 얼마만큼 힘을 쥐고 있는지 알 수 있다. 또 나에게 호감이 있는지도 알 수도 있고, 평소의 인격과 품성도 조금쯤 알아맞힐 수 있다. 그만큼 신체 접촉은 눈으로 볼 수 있는 것 이상의 정보를 제공한다. 말로는 설명하기 어려운 점을 느낄 수 있도록 도와준다. 사람과 사람 사이의 몸놀이로 신체 접촉을 많이 한 아이가 타인에 대한 많은 정보를 갖게 되는 것은 당연하다. 이 정보들은 아이가 타인을 더 잘 이해하고 공감할 수 있게 하는 소중한 삶의 재료가 된다.

아이에게는 놀이가 밥이다. 그리고 아이에게 가장 필요한 것은 '부모의 사랑과 관심'이다. 이 두 가지를 모두 실현해주는 것이 바로 몸놀이다. 그리고 몸놀이는 서로의 신체온도를 올려준다. "체온이 올라가면 세포 등 인체활동이 활발해져 체온이 1도 상승하면 기초 대사량은 13%, 면역력은 약 30% 증가한다"는 보고가 있다. 그래서 몸놀이는 부모와 아이 모두를 건강하게 한다. 함께 웃으며 상호작용하는 몸놀이는 아이의 정서를 유쾌하게 한다. 몸놀이를 하는 동안 아이는 부모의 사랑과 관심을 받고 있음을 온몸으로 느끼게 된다. 몸놀이를 통해 사랑을 알게 되고 행복감을 느끼게 되면, 행복감을 더 느끼고자 아이는 사람들에게 다가가게 된다. 더 소통하고, 상호작용하고자 눈을 맞추고, 말로 표현하고, 적극적으로 스킨십을 요청한다.

이렇게 가족들과 놀고, 친구들과 놀고, 그렇게 잘 놀면 사회성은 순조롭게 발달한다. 놀이 중에도 가장 적극적이고 깊고 넓게 소통하는 몸놀이가 사회성 발달에 좋은 건 당연하다.

사회성은 부모와의 애착 형성에서 시작된다. 그리고 그 애착 형성을 기반으로 타인에 대한 신뢰가 생겨 가정 밖의 사회에서 라포 형성을 하게 된다. 부모와 아이와의 신뢰 있는 관계를 '애착'이라 하고, 교사와 아동과의 친화관계를 '라포'라고 한다. 부모와 아이의 애착 형성, 교사와 아이의 라포 형성은 그 관계의 시작이 된다. 이 관계가 시작되지 않으면 소통이 원활해지기 어렵다. 신뢰 있는 친화관계가 형성되어야 다른 과정도 성공적으로 이끌어낼 수 있다. 그 신뢰 있는 관계 형성을 책임지는 게 몸놀이다. 몸놀이를 해서 관계 형성이 안 되는 아이는 없다. 그 속도는 개별적으로 차이가 있을 수 있지만, 몸놀이는 가장 짧은 시간에 가장 강하고 안정적인 관계를 형성하는 방법이자 절대적이고 유일한 방법이다.

일곱 살 승호는 눈이 동그랗고 목소리가 나긋나긋한 참 사랑스러운 아이였다. 그런데 사회성이 부족하고 공격적 성향이 있어 나를 만나게 되었다. 이유를 모르겠지만 승호는 인상을 쓰고 표정을 찡그릴 때가 많았다. 승호는 마음속에 있는 욕구를 잘 표현하지 못하는 아이였다. 친구와 있을 때면 함께 놀고 싶어하는 기색이 역력했다. 그때 승호가 하는 행동은 친구에게 다가가 손으로 친구의 얼굴을 건드리는 것이었다. 톡톡 지속적으로 눈 아래쪽 볼을 약하게 두드렸다. 친구가 불쾌하다고 표현해도 아랑곳하지 않고 계속했다. 친구가 불편해 하니까 하지 말라고 이야기해도 잠시뿐이었다.

나는 승호가 친구들과 어울릴 수 있도록 함께 몸놀이를 했다. 잡기놀이, 가위바위보 해서 등에 인디안밥 하기 등 여러 명이 함께 할 수 있는 놀이를 하며 신 나게 뛰어놀았다. 처음 2주 간은 하루가 멀다고 친구와 싸움이 벌어졌다. 승호는 분명 친구와 노는 것을 좋아했지만 친구와 접촉하다 불편해지면 매우 신경질적인 반응을 보였다. 조금이라도 화가 나면 친구의 얼굴을 할퀴고 꼬집었다. 매일 승호가 다치게 한 친구 어머님께 죄송하다고 사죄하는 날들이었다.

관찰한 결과 승호는 불편한 상황에 대한 적응력이 너무 약했다. 행동하기 전에 걱정을 많이 했고, 무엇보다 친구와의 접촉을 불편해했다. 그 탓에 정작 놀고 싶고 함께하고 싶은 마음은 굴뚝 같은데 친구의 마음속으로 들어가는 입구를 찾지 못하는 듯했다.

나는 승호의 마음속에 있는 것들을 끄집어내 주고 싶었다. 나는 점차 몸놀이 강도를 높였다. 장난치듯 몸으로 누르면서 좀 참고 기다리게 했다. 친구들과 엉켜서 구르게 하고 타인과의 접촉에 익숙해지도록 이끌었다. 어떨 때는 실컷 울도록 했다. 승호는 처음에는 잘 울지 않고 꾹 참으려 했으나 어느 날 속 시원히 울고 나더니 그 뒤에는 속상한 일이 있으면 나를 끌어안고 한참을 안겨서 울었다. 울고 난 승호의 표정은 스트레스가 해소된 듯한 모습이었다. 그렇게 몸놀이가 계속되자 승호가 점점 나와 친구들에게 마음을 여는 것이 보였다.

친구의 얼굴을 툭툭 건드리던 것도 없어지고, 하고 싶은 말이 있으면 먼저 와서 말을 걸었다. 승호는 표현할 줄 몰랐을 뿐이지 마음이 따뜻한 아이라 막상 아이들과 어울리기 시작하자 배려하는 모습을 보였다. 승호는 굉장히 단시간에 친구들에게 가장 인기 많은 친구가 되었다.

아이에서 성인, 노년에 이르기까지 누구나 좋은 인간관계를 가지길 바란다. 그래서 삶의 질은 인간관계로 평가되기도 한다. 삶에서 가장 기초적이면서 중요한 것이 인간관계고 사회성이기 때문이다. 그러나 사람들이 가장 어려워하는 것이 인간관계이기도 하다. 따라서 영유아 시절부터 다양한 사회적 경험을 하고 타인과의 소통에 성공한 경험을 쌓아나가야 한다. 그 경험이 평생 만나고 소통하게 될 인간관계의 큰 디딤돌이 되기 때문이다.

몸놀이가 왜 사회성 발달에 좋은지는 과학적으로도 설명이 가능하다. 몸놀이를 하면 옥시토신이라는 호르몬이 분비된다. 이 옥시토신은 인류의 사회적 접착제라고 소개되기도 한다. 그만큼 사회성 발달에 매우 필요한 호르몬이라는 뜻이다. 또한, 사회성 발달에 관여하는 뇌의 부위를 '사회뇌'라고 지칭하는데, 옥시토신이 사회뇌 형성에 절대적인 역할을 한다고 한다. 옥시토신은 스킨십, 신체 접촉을 통해 분비된다. 따라서 잠시 잠깐의 포옹이나 스킨십보다 10분 이상의 몸놀이를 통해 분비되는 옥시토신 양이 훨씬 많을 수밖에 없다. 몸놀이를 많이 한 아이는 건강하게 사회성 발달이 이루어지게 된다.

우리 센터에는 '터치우리'라는 사회성 향상 프로그램이 있다. 용어 그대로 아이들끼리 서로 터치(Touch) 하는 수업이다. 아이들은 놀이를 통해 자연스럽게 몸을 부대끼고 서로의 무게를 느끼며 즐거워한다. 이 프로그램 이후 아이가 낯을 덜 가리고 교우관계가 좋아졌다는 피드백을 많이 받았다. 남자들이 몸을 부딪치며 함께 축구경기를 하고 나면 친해지고, 함께 목욕탕에 가서 등을 밀어주면 가까워지는 것과 같은 원리다.

내가 현재 아이들과 함께하는 시간은 사회성 발달을 촉진하기 위한 수업이 대부분이다. 주로 진행하는 방식은 이렇다. 좁은 방에 여러 아이와 선생님들과 함께 있도록 한다. 가만히 있어도 서로 어깨가 스치고 몸이 닿는다. 그런 방에 있다 보면 아이들은 자연스럽게 친구들에게 관심이 생기고 호감을 갖는다. 친구와 놀 방법을 생각하게 되고, 어떤 대화를 할지 언어적 사고가 활발해진다. 그렇게 친구와 관계가 형성되면서 그 안에서 강한 소속감을 갖게 된다.

요즘 어린이집, 유치원에 다니지만 소속감을 느끼지 못하는 아이가 많다. 사회성이 좋고 적극적인 아이들은 그 안에서 활발한 소통을 경험하지만, 그렇지 못은 아이들은 어린이집, 유치원에 비치된 교구나 장난감만 가지고 놀다 온다. 미술 활동이나 바깥놀이 등 다양한 활동을 하지만 그 안에 소통과 상호작용이 적다 보니 소속감을 느끼지 못하고 재미없다고 생각한다.

우리 대학생 때를 생각해보자. 학과 생활보다 동아리 생활이 더 기억에 남고, 동아리 친구들과 더 긴밀한 관계를 유지하는 게 보통이다. 왜 그럴까? 학과 친구들과 함께 강의를 듣고 요구된 과제와 시험을 치르지만, 그 안에 소통과 관계가 많지 않았다. 물론 M.T도 가고 O.T도 가고, 학과활동을 적극적으로 했으면 다르겠지만 그렇지 않다면 학과 생활에 소속감을 느끼기 어렵다. 반면에 동아리 활동은 다르다. 우수한 학점이나 자격증을 주는 것은 아니지만 같은 취미나 비슷한 관심사를 가지고 모인 공동체이기 때문에 많은 시간을 함께 공유한다. 밴드동아리라면 오랫동안 같이 연습해서 공연도 할 것이다. 자원봉사 동아리라면 봉사가 필요한 곳에 방문하여 같이 힘쓰고 나누는 활동을 할 것이다. 이렇게 목적 있는 활동을 같이 한 동아리 활동은 기억에 강렬하게 남을 수밖에 없다.

한 공동체 안에서 소속감을 느끼고, 주체적으로 관계를 형성하기 위해서는 어떻게 같이 시간을 보내느냐가 중요하다. 그리고 살을 맞대며 적극적으로 상호작용해야 한다. 몸놀이를 통해 아이들에게 이러한 시간과 경험을 제공해줄 수 있다.

우리 아이가 인지 발달이 늦다면

아이의 시간은 크게 두 가지로 나눌 수 있다. 몸놀이를 할 때와 몸놀이를 하지 않을 때이다.

당연히 몸놀이를 하지 않는 시간이 훨씬 많다. 필자가 주장하는 하루 최소한의 몸놀이 시간 30분을 제외하면 23시간 30분은 몸놀이를 하지 않는 시간이다. 잠자는 시간, 씻고, 밥 먹고, 옷 입고, 차로 이동하는 등의 시간을 빼면 얼마의 시간이 남을지는 생활습관에 따라 차이가 날 수 있지만 분명 몸놀이 시간 30분보다 긴 시간일 것임은 확실하다.

몸놀이를 하지 않는 시간에도 아이는 다른 사람들과 소통하게 된다. 가족의 일상을 보고, 듣고, 이해한다. 공부하는 형과 누나를 보면서 '나중에 학교 가면 공부라는 것을 해야 하는구나. 형, 누나가 공부할 때는 나와 놀아줄 수 없구나. 방해하면 안 되겠다'고 생각하고, 그 생각이 눈에 보이지 않는 소통의 과정을 이끌어준다.

또, 아이는 만나게 되는 모든 환경과 사물과 소통하게 된다. 예를 들면, 내가 앉아 있는 이 공간, 보고 있는 사물들, 먹는 음식들, 눈에는 안 보이는 공기, 먼지, 세균 등과 같은 것이 아이가 소통할 세상이다.

그렇게 아이는 세상과도 소통해야 한다. 아이는 주변의 것들을 바르게 이해하고 알아가야 한다. 세상에 어떤 물체가 있는지 알아야 하고, 어떻게 사용하는지 알아야 한다. 여기서 안다는 것은 단순히 눈으로 보고, 모양과 색을 알고, 이름은 아는 것만을 말하지 않는다. 한 사회를 이루고, 문화를 공유하는 사람들을 통해 적절하게 행동하는 법을 학습하는 것이다.

다음과 같은 행동을 살펴보자.

변기통에 머리를 박고 물을 마신다.

병아리를 창 밖으로 던진다.

개미를 손으로 모아서 코딱지처럼 뭉친다.

콩을 코와 귀에 집어넣는다.

다소 엽기적인 일들로 보일지 모른다. 설마 이런 행동을 하는 아이가 있을까 싶다. 그렇지만 실제로 내가 만난 아이들이 했던 행동이다. 이 아이들의 부모들은 걱정스러운 표정으로 질문했다.

“우리 아이 인지에 문제가 있는 건가요?”

사물을 이해하고 사물의 쓰임이나 용도를 바르게 이해하는 것은 활발한 소통 과정을 통해 이뤄지는데, 소통 과정이 활발해지려면 먼저 다른 사람에게 충분한 관심을 가지고 있어야 한다. 사람들이 어떻게 행동하고 사물을 어떤 용도로 사용하는지 살펴서 모방하면서 학습이 이뤄지기 때문이다. 함께 어울려 먹고 마시면서 먹을 수 있는 것과 먹을 수 없는 것을 분별해간다.

아이와 부모의 몸놀이는 매우 적극적인 소통 과정이다. 몸놀이는 소통의 과정을 활성화해주는 윤활유가 되므로 아이의 소통 욕구를 높여준다. 그래서 몸놀이를 하지 않는 시간에도 다른 사람을 탐색하며 소통할 수 있도록 이끌어주게 된다. 이렇게 몸놀이를 통해 타인과의 소통능력이 향상되면, 아이는 자발적으로 다른 사람들의 모습을 보면서 세상과 소통하는 건강한 방법을 익히게 된다.

흙은 씨앗을 심으면 새싹이 나고, 열매도 나게 하는 중요한 역할을 한다. 우리에게 없어서는 안 되는 물질이다. 하지만 흙은 먹으면 안 된다. 먹어도 죽진 않지만 우린 흙을 먹지 않는다. 다른 사람들이 먹지 않는 모습을 보고, 사람들과 흙에 관해 이야기를 나누고, 흙을 직접 만지고 느껴보면서 자연스럽게 흙은 먹으면 안 된다고 인지하게 되는 것이다.

그런데 이런 인지 발달이 제대로 이뤄지지 않는 아이들이 의외로 많다. 인지 발달이 늦으면 위험한 상황에 처하기도 하고 친구들과도 어울리지 못하는 등 일상생활에 어려움을 겪게 된다. 내가 만난 정우는 화가 나면 언제 어디서든 성난 물고기처럼 머리와 다리를 앞뒤로 마구 흔들었다. 두 눈은 꼭 감고 소리를 고래고래 지르며 아이는 이렇게 말하는 듯했다.

'난 몰라! 난 내 멋대로 할 거야. 난 지금 무척 화가 나 있어.'

그러면 정우의 엄마는 안절부절못했다. 공공장소에서 누우면 안 된다고 아무리 타일러도 아이는 엄마가 설득하려 하면 할수록 소리를 지르며 거칠게 반항했다.

정우는 처음 봤을 때부터 마치 고삐 풀린 망아지 같았다. 교실에서 우리가 무엇을 하는지 전혀 관심을 갖지 않았고 여기저기 뛰어다니기 바빴다. 불빛을 쳐다보고, 불을 껐다 켰다 끝없이 반복했다. 불을 못 끄도록 내가 스위치 앞을 가리고 서 있자 정우는 다시 성난 물고기 같은 모습을 보였다. 머리와 다리를 마구 흔들며 소리를 쳤다. 하지만 나를 향해 자신의 요구를 표현하지는 않고 허공을 향한 몸부림뿐이었다.

나는 정우의 몸을 꽉 잡았다. 온몸으로 온 힘을 다해 아이를 안고 아이가 진정될 때까지 기다렸다. 정우는 30분이 훨씬 지나서야 진정되었고, 울다 지친 아이는 교실에서 잠이 들어버렸다. 나 역시 팔이 후들후들하고 온몸이 땀범벅이 되었다.

그리고 며칠 후 교실에 들어온 정우는 전등 스위치를 만지고 불을 껐다 켰다 하려는 것이 확실히 줄어들었다. 나는 정우에게 다가가 부드럽게 안아주고, 간지럼도 태웠다. 아이와 눈을 맞추며 즐겁게 소통하고 싶었기 때문이다. 그런데 정우는 나와 눈을 잘 맞추지 않았다.

아무리 눈앞에 얼굴을 가져가도 다른 쪽으로 휙 돌렸고, 눈앞의 사람을 마치 투명인간처럼 대했다.

정우의 부모님은 두 분 다 말수가 적고, 특히 어머님의 목소리는 낮고 차분했다. 아이의 행동을 통제하는 걸 어려워하셨고, 아이가 뛰고 돌아다닐 때마다 따라다니느라 힘겨워하셨다. 그 힘겨움은 결국 아이를 마음대로 하게 두고 멀리서 지켜보는 상황으로 이어졌다.

하루는 아이들 부모님과 함께 야외에서 수업을 했다. 정우 어머님과 아버님이 함께 오셨는데, 엄마가 손을 잡자고 하면, 정우는 잠시 잡다가 거센 동작으로 손을 탁 뿌리치고 도망을 갔다. 정우 부모님은 아이를 찾아다니기 바쁘셨다. 나도 함께 찾다가 "아이 찾으셨어요?"라고 여쭤보면 "어딘가에 있을 거에요. 그렇게 멀리 가지는 않아요"라고 말씀하시면서 이곳저곳을 분주한 발걸음으로 다니셨다.

그러다가 금세 찾았지만, 아이는 수시로 엄마 아빠 손을 뿌리치고 또 앞을 향해 달려나갔다. 차도와 인도의 개념을 수십 번 설명해주었지만 아이는 차도로 거침없이 뛰어들어 모두를 깜짝 놀라게 했다. 정우 부모님은 표현은 안 하셨지만 힘든 기색이 역력했고, 아이를 데리고 일찍 귀가할 수밖에 없었다.

엄마와 함께하는 몸놀이 시간, 정우 어머님은 매번 아이에게 꼬집히고 발길질 당했지만 하루도 빠지지 않고 참석하셨다. 정우는 교실을 마구 뛰어다녔고 우리는 아이를 잡으러 다니기 바빴다. 정우는 자신을 잡으러 온다는 생각에 재미있는지 실실 웃으며 더 도망가기 바빴다. 우리는 조금씩 화가 나기 시작했고, 난 한번에 빠른 속도로 달려가서 정우를 잡아 엄마와 같이 앉을 수 있도록 했다. 그러자 정우는 울고 소리치며 엄마를 꼬집었다. 내가 가서 아이의 손을 잡을 수밖에 없었다. 어머님은 괜찮다고 하셨지만, 이미 엄마 팔 여기저기 시퍼런 멍자국이 생겼다.

하지만 성품이 우직한 정우 어머님은 매번 거사를 치러야 하는 몸놀이 시간을 2년간 꾸준히 함께했다. 나는 정우에게 사회의 규칙을 알려주기 전에 몸으로 놀면서 자연스럽게 게임의 규칙을 알아가도록 했다. 어떤 일을 하든 해도 되는 것과 안 되는 것이 있다는 것, 그리고 목표에 달성하기 위해서는 단계가 있다는 것 등을 정우는 몸놀이를 통해 조금씩 알아갔다. 정우는 어느새 몸놀이 시간의 최고 모범생이 되어 누구보다 몸놀이를 즐길 수 있게 되었다.

이런 변화는 몸놀이 시간에만 일어난 것이 아니었다. 정우는 조금씩 공공장소에서는 어떻게 행동해야 하는지, 엄마 아빠에게는 어떻게 말해야 하는지, 식사예절은 무엇인지 등을 알게 되었다. 너무 늦은 게 아니냐고 걱정했던 인지 발달은 어느새 또래 아이들 수준으로 올라와 있었다.

정우는 인지 발달이 늦어서 위험한 상황에 자주 직면했었다. 차도에 뛰어들고, 먹어선 안 될 것을 입에 넣고, 만져서는 안 되는 것을 만지겠다고 떼를 썼다. 부모는 아이가 다칠까 봐 하루하루 피 말리는 시간을 보낼 수밖에 없다. 이런 경우라면 아무리 아이를 붙잡고 이야기해봐야 소용없다. 아이가 자신의 몸에 대한 인지에서부터 시작해서 세상에 대한 인지로 발달할 수 있도록 도와야 한다.

인지능력과 분별력이 향상되어야 아이는 자신의 몸을 안전하게 보호할 수 있게 된다. 이때도 가장 최적의 방법은 몸놀이다. 몸놀이는 소통의 길을 넓혀주고, 속도가 붙게 해준다. 탈 많고 걱정 많은 아이일수록 아이의 소통능력이 시원하게 뚫리고 활짝 열릴 수 있도록 더 자주 몸놀이를 해주자.

"신발 신어. 발을 봐야지! 빨리빨리!"

(아이는 주변은 두리번거리다 갑자기 멍해진다.)

"어휴!"

(결국 엄마는 아이 신발을 신겨준다.)

윤식이라는 아이가 있었다. 뇌에 특별한 이상이 있는 것도 아니고, 어떤 검사로도 신체 발달에 문제가 될 만한 소인은 보이지 않았다. 하지만 아이의 몸은 뇌병변, 뇌성마비가 의심되는 모습이었다. 이유 없이 머리를 좌우로 흔들고 몸을 많이 흔들고 떨었다. 입술이 잘 닫히지 않아 침을 많이 흘렸다. 음식을 먹는 중에 음식이 입 밖으로 주르르 흐르기도 했다. 걷거나 뛸 때도 몸이 불균형하게 뒤뚱뒤뚱 움직였다. 어떤 이유인지 알 수 없지만 윤식이의 몸은 근육조절이 미숙했다. 그래서 잘 부딪히고 쉽게 넘어져서 늘 몸에 상처를 달고 있었다.

신체발달이 느린 윤식이에 비해 윤식이 부모님은 매우 빨랐다. 아이에게 하는 말이 빠르고, 성격이 급해 보였다. 사업으로 너무 바쁘다 보니 윤식이를 챙기고 데리고 다니는 시간이 분주하게 느껴졌다.

윤식이는 신발을 스스로 벗고 신발장에 넣는 것을 어려워했다. 보다 못한 어머님은 늘 대신 아이의 신발을 벗기고 신발장에 정리해주었다. 신발도 신겨주고, 그러면서 왜 아직 스스로 신발을 못 신는지 답답하다며 고민을 털어놓았다.

나는 그 모습을 보며 조금 의구심이 들었다. '윤식이는 신체 발달은 느리지만 스스로 신발을 벗고 정리할 수 있는 아이인데 왜 어머님은 아이가 스스로 못한다고 하시지?'

그래서 윤식이가 신발 신고 벗을 때의 모습을 좀 더 세밀하게 지켜보았다. "윤식아, 신발 벗고 여기에 정리해줘." 한번 천천히 이야기해주고 아이의 머리를 살짝 내려줘서 자기 발을 보도록 했다. 그리고는 기다렸다. 그러자 신기하게도 윤식이는 스스로 신발을 벗고 신발장에 신발을 넣었다. 이건 뭐지? 이렇게 잘하는데 왜 엄마 앞에서는 못하는 걸까?

엄마와 있을 때의 윤식이 모습도 자세히 지켜봤다. 윤식이는 엄마가 "신발 벗어", "발을 봐야지", "빨리빨리" 이렇게 이야기할 때마다 점점 멍해지는 모습을 보였다. 아이의 속도보다 빠른 엄마의 속도에 윤식이는 경직되었다. 그 상황에서 어떻게 해야 하는지 뇌가 활발하게 사고하는 것이 아니라, 오히려 머릿속이 멍해지는 듯한 표정과 행동이었다. 엄마의 '빨리빨리'라는 말이 아이의 몸을 마비시키고 있었다.

아이는 몸을 많이 움직여야 한다. 점점 더 유연하고 활발하게 몸을 움직여나가야 한다. 이것이 발달이고 성장이다. 그런데 이런 발달을 가로막는 게 있다. 바로 '부모의 몸'과 '부모의 언어'다. 부모가 어떻게 말하느냐에 따라 아이의 몸을 활발히 움직이게도, 아이의 몸을 마비시키기도 한다. 부모의 몸이 아이에게 어떤 영향을 미치는지는 충분히 알아보았으니 이제 부모의 어떤 언어가 아이의 몸을 멈춰 서게 하는지 알아보자. 그리고 어떻게 바꿔 말하는 것이 좋을지 대안을 적어보았다.

"빨리빨리 해!"

서둘러야 하는 엄마는 마음이 조급하고, 아이는 아는지 모르는지 세월아 네월아 한없이 느리다. 일부러 더 늦게 하는 건지, 엄마 말이 안 들리는 건지 답답하기만 하다. 소리는 커지고 감정은 슬슬 격해진다. 말의 억양은 세지고 표정은 일그러진다. 엄마는 한 번 더 말한다.

'빨리! 빨리하라고.'

사실 나도 아침 출근길에 서두르다가 딸아이한테 이런 말을 하곤 했다. 아이에게 좋지 않다는 걸 알면서도 시간이 촉박해지면 자연스럽게 튀어나온다. 한국사람이라면 '빨리'라는 말이 참 입에 착착 붙는다. 한국에서 아이를 키우는 부모라면 더 자주 '빨리빨리'를 외칠 것이다. 하지만 우리는 좀 더 적절한 언어를 고민해봐야 한다.

방법은 여러 가지가 있다. 훨씬 더 일찍부터 준비를 하는 것이다. 그리고 '우리 지안이는 아침에 일어나서 혼자 밥도 잘 먹고, 옷도 스스로 잘 입지요?'라며 미리 아이가 해야 할 일을 이야기해준다. 그리고 시계를 보여주면서 이야기한다.

"긴 바늘이 여기(6)에 갈 때까지 다할 수 있겠지? 엄마는 이때는 꼭 나가야 다른 사람과 약속을 지킬 수 있거든. 약속은 소중한 거라 꼭 지켜야 해. 엄마를 도와줄 수 있지요?" 아이에게 시간 개념도 알려주고, 약속된 시간을 맞춰야 한다는 것도 이해시켜줄 수 있다.

"안 돼." "하지 마." "만지지 마."

뭔가 시도해보고 탐색하려는 아이가 이런 말을 듣는다고 하자. 그러면 아이는 심리적으로 위축되고 자꾸 눈치를 보게 된다. 자신이 하고 싶은 행동을 했는데, 그것에 대해 부정적인 반응이 왔다면 아이는 자신의 행동에 대해 자신감이 떨어진다. 아이는 원래 실수하면서 배운다. 실수라는 표현도 적절하지 않다. 어른 관점에서 보면 실수지만 아이에게는 연습이고 과정이다. 연습해야 잘하게 되는 건데, 연습조차 하지 말라고 하면 아예 아무것도 하지 말라는 것과 같다.

"눈으로만 보세요." 좀 더 부드러운 표현인 것은 맞다. 하지만 눈으로만 보기에는 아이는 시각 외에도 수많은 감각을 가지고 있다. 더 많은 감각을 사용해야 한다. 몸을 움직이고, 힘으로 부수고, 쑤시고, 자르며 적극적인 탐색을 할 때 아이의 자아는 커지게 된다. 아이에게 "안 돼. 하지 마. 만지지 마"라고 말하기보다는 자연스럽게 만져도 되는 물건을 쥐여주자. 그리고 "와~ 이거 재미있겠다. 엄마랑 이것 가지고 놀까?"라고 관심을 돌리면서 만지면 위험한 물건을 슬쩍 아이 눈에 안 보이게 치우자. 특히 나이가 어릴수록 아이가 아무렇게나 만져도 되고, 실컷 탐색해도 되는 것들이 있는 곳으로 가는 것이 좋다.

"에이~ 지지! 더러워."

아이들은 더러운 것을 만질 때가 있다. 이 경우에는 만져도 되는 물건으로 관심사를 바꿔주자. 그리고 만지면 안 되는 것들을 눈앞에서 없애야 한다. 눈앞에 보이면 아이는 시각이 주는 정보에 따라 관심과 흥미를 갖게 된다. 자연스럽게 몸을 움직이고, 손이 다가간다. 이것은 아이가 세상을 탐색하는 자연스러운 과정이다. 그런데 "안 돼, 만지지 마"라고 말하는 상황이 많아지면 아이의 제2의 뇌라고 불리는 '손'은 경직되고 그러면 소근육 발달이 늦어질 수밖에 없다.

"에이~ 지지! 더러워"라고 제지하기보다는 관심을 다른 쪽으로 바꿔주고 "이거 재미있겠다. 엄마랑 같이 해보자. 이거 가지고 놀아보자"고 말하며 충분히 손을 사용해 탐색하도록 기회를 주자.

"시끄러워." "달리지 마." "뛰지 마."

우당탕, 쿵쿵쿵! 아이의 뛰는 소리를 들으면 부모는 심장이 벌렁거린다. 아래층에서 올라오지 않을까? 경비실에서 인터폰으로 연락 오지 않을까? 불안하고 걱정이 밀려온다. 아이한테 뛰지 말라고 말해보지만 아이가 얌전히 있는 시간은 잠시뿐이다. 사람의 심리는 하지 말라고 하면 더 하고 싶다. 아이들은 특히나 더 그렇다.

요즘 많은 아이가 아파트에서 생활한다. 우리 집 바닥이 아랫집 천장이다 보니 아이들이 조금이라도 뛰면, 아래층은 천장 무너질 듯한 소음에 불편함을 느끼는 것은 당연하다. 그렇다고 뛰고 싶어하는 아이에게 무작정 하지 말라고 혼내는 것은 해결

방법이 아니다. 이 사실은 모두가 잘 알고 있다.

"뛰지 마" 대신에 "천천히 걸어가자", "달리지 마" 대신에 "엄마가 책 읽어줄게. 이리 와", "시끄러워" 대신에 "조금만 조용히 해주겠니?"라고 이야기해보자.

하지 말아야 할 것을 지적하지 말자. 그것이 아닌 어떤 행동을 해야 하는지 관심을 끌어줄 수 있는 말로 대신해야 한다. '○○하지 마!' 가 아니라 다른 흥미로운 것을 찾아 '○○해보자'로 바꿔 말해보자.

"됐어! 그만해!"

이건 무슨 말일까? 몸놀이 할 때 서로 부대끼다 보면 엄마 아빠가 아플 수도 있고, 기분이 나빠질 수도 있다. 놀이하다가 아이의 실수로 아팠다고 해보자.

"에잇, 그만해. 이제 안 할 거야." 이렇게 말하기 쉽다. 하지만 놀다가 아프다고 그만둔다면 아이도 자연스레 이런 모습을 모방하게 된다. 친구와 놀 때 좀 불편하거나 싫으면 같이 놀지 않으려 한다.

몸놀이를 하다가 아팠다면 "앗! 잠깐만! 엄마 머리 아파. 지안이 다리가 머리카락을 눌러서 머리가 아파" 하고 왜 아픈지 사실적인 이유를 충분히 전달한다. 이렇게 이야기하면 보통은 아이들이 먼저 "아! 미안해. 조심할게" 하고 반응한다. 그리고 스스로 조심하게 된다.

우리가 아이들을 통해서 원하는 사회적 경험이 이렇다. 소통하다 갈등이 생긴다. 그 상황에 대해 듣고 이해한다. 이해한 내용에 따라 문제해결방법을 생각한다. 그리고 그 방법을 적용한다.

이런 경험을 통해서 습득한 사회적 행동은 다음 몸놀이 시에 적용된다. 아이는 생각한다. '지난번에 엄마 머리카락을 밟았더니 아프다고 했었지? 이번에는 조심히 해야지. 그리고 놀다가 내 실수로 상대방이 아팠다면 미안하다고 말하고 다음부터는 조심해야겠다.'

아이에게 '기회'를 주는 부모

'기회(Chance)!'

내가 좋아하는 단어 중 하나다. 기회는 많이 주어질수록 경험으로 이어질 가능성이 높다. 좋은 행동을 할 기회가 많아지면 좋은 행동을 습득하게 된다. 좋지 않은 행동을 할 기회가 많아지면 그런 행동을 습득하게 되는 것이 당연하다.

아이가 친구와 잘 놀지 못하고 사회성이 부족하다면 사회성을 키울 수 있는 기회가 상대적으로 부족했다고 볼 수 있다. 한정된 장소에서 주양육자 하고만 주로 시간을 보내서 친구를 만날 기회가 적었기 때문이다. TV, 스마트폰을 접할 시간이 많았고, 혼자 장난감 갖고 노는 시간이 길었고, 친구와의 놀이 경험이 적었기 때문이다.

또, 말이 느린 아이라면 말을 할 만한 기회가 적었다고 볼 수 있다. 아이가 필요한 것을 표현하기 전에 부모가 먼저 해주어서 자신의 의사를 언어로 표현할 기회가 적었거나, 오디오와 소리 나는 장난감 같은 기계 소리를 많이 들어서 엄마 말소리를 주의 깊게 들을 기회가 적었을 수 있다.

'기회'의 의미는 어떤 일을 하는 데 적절한 시기나 상황을 제공하는 것이다. 그래서 기회를 주었더라도 그 기회를 자기 것으로 만들 수도 있고, 그렇지 않을 수도 있다. 한 번의 기회를 놓쳤다고 못 하는 게 아니다. 말 그대로 기회는 기회일 뿐이다. 기회를 주다 보면 기회에 맞게 생각하고, 기회를 자기 경험으로 만들고자 하는 의욕이 생긴다. 그래서 기회를 끊임없이 제공하면 언젠가는 그 기회를 정확히 낚아채서 자기경험으로 만들게 된다.

아이에게 질문했는데 적절한 대답을 하지 못했다고 해서 아이가 그 질문을 못 알아듣는다고 생각하면 안 된다. 질문할 당시에 다른 걸 보느라, 다른 생각을 하느라 대답을 바로 못했을 수 있다. 지속해서 소통할 기회, 더 건강한 행동과 말을 해볼 기회를 주면 언젠가는 우리를 깜짝 놀라게 할 만한 말을 하게 된다. 우리를 감격스럽게 할 반응들을 보여준다.

충분한 기회도 주지 않고 아이가 잘 못한다고 탓하면 아이는 얼마나 억울할까? 예를 들어 아이가 뛰고 달리자 부모는 '뛰면 넘어진다. 그만 뛰어라. 다친다' 하면서 달릴 기회를 주지 않았다고 하자. 그런데 학교 운동회에서 달리기를 하는데 아이가 꼴등을 했다. 속상한 부모는 '우리 아이는 운동신경이 나쁜가 봐'라고 체념한다. 이 아이는 운동신경이 나쁜 게 아니다. 달리기를 못하는 것도 아니다. 달리기를 잘하고, 운동신경이 좋아질 기회가 없었던 것뿐이다. 충분히 달리고 뛰어서 그 기량을 높일 기회가 부족했던 것이다.

지금 우리 아이에게 어떤 기회를 주고 있는지 함께 생각해봤으면 한다.

부모와 소통할 기회를 주고 있는가?

다른 사람과 마주하며 소통할 기회를 주고 있는가?

세상과 적극적으로 소통할 기회를 주고 있는가?

자기 몸에 대해 알 기회를 주고 있는가?

자기 몸의 능력을 발휘할 기회를 주고 있는가?

감정을 느끼고 조절할 기회를 주고 있는가?

아이 자신의 감정과 느낌, 능력에 대해 알아가는 기회를 주고 있는가?

불편한 것, 어려운 것을 스스로 해결하여 성취감을 맛볼 기회를 주고 있는가?

아이의 자아가 커질 기회를 주고 있는가?

그렇다면 몸놀이는 아이에게 어떤 기회를 주는지 알아보자.

몸을 더 많이 움직일 기회

타인과 적극적인 상호작용을 할 기회

힘을 더 많이 쓰면서 자아를 키울 기회

타인의 반응에 대해 잘 이해하고 공감할 기회

함께 감정을 나누고, 자신의 감정을 충분히 표현하며 조절할 기회

사람들과 깊이 있게 소통하며 즐겁게 놀 기회

이 외에도 많은 기회가 제공된다. 이 점이 내가 계속 몸놀이를 강조하는 이유다. 몸놀이는 아이들이 필요로 하고, 아이들에게 주어져야 할 수많은 기회를 준다.

그러기 위해서 반드시 필요한 게 있다. 바로 '재미'다. 부모는 대개 아이에게 이런 질문을 자주 한다.

"이거 재미있어?"

"오늘 유치원에서 재미있었어?"

그런데 재미란 무엇일까? '재미'란 말의 어원은 '늘어나는 맛'이라고 한다. 놀이는 '늘어나는 맛'이 있기 때문에 재미있는 것이다. 몸놀이가 재미있는 것은 늘어나는 맛을 더 많이, 더 폭넓게 느낄 수 있기 때문이다. 그럼 몸놀이는 아이에게 어떤 '늘어나는 맛'을 경험하게 해주며, 무엇을 커지게 하는 것일까?

몸놀이로 늘어나는 것

느낄 수 있는 감각이 늘어난다.

공감할 수 있는 감정이 늘어난다.

몸을 사용하는 기능이 늘어난다.

뇌에 전달되는 정보량이 늘어난다.

상황과 환경에 대한 이해가 늘어난다.

심장 박동수가 많아지고, 호흡량이 늘어난다.

몸 사용 범위가 늘어난다. 위, 아래, 앞, 뒤, 회전, 교차, 등으로 몸 사용이 더욱 복잡해지면서 그 모습이 많아진다. 할 수 있는 행동의 모양이 늘어난다.

몸놀이로 커지는 것

힘이 세지고 커진다.

자신감이 커진다.

자아에 대한 건강한 이해가 커진다.

소리가 커진다. 아이의 웃음소리가 커지고, 말소리가 커진다.

몸으로부터 재미를 느끼면 아이는 발달한다. 움직이는 게 재미있고, 그 재미를 느끼며 감정을 경험하는 것에 의욕이 많아진다. 재미를 느끼면 혹 그것이 두렵고 어렵게 느껴져도 좋은 경험으로 받아들인다.

'발달'의 사전적 의미는 '아이의 신체, 정서, 지능 따위가 성장하거나 성숙해지는 것'이다. 아이의 신체, 정서, 지능 따위가 양적으로 질적으로 향상된다는 뜻이다. 아이는 성장하면서 신체가 위아래로, 앞뒤로 부피가 커지며 늘어난다. 정서가 다양해지며 느끼는 감정이 늘어난다. 이 늘어나는 과정이 활발히 일어나야 한다. 재미를 느끼면 이렇게 늘어나는 과정이 촉진된다.

아이에게 마음껏 몸놀이를 할 기회를 제공하고, 그 속에서 충분히 재미를 느끼게 하는 것, 그것이야말로 몸놀이의 효과를 가장 극대화 하는 방법이다.

건강한 몸놀이를 위한 Q&A

Q 몸놀이를 싫어하는데도 꼭 해줘야 하나요?

A 네, 그래도 해주세요. 싫어하면 오히려 더 많이 열심히 해주어야 해요. 몸놀이는 아이의 발달에 있어 영양만점인데, 싫어한다고 안 하게 되면 아이가 손해보는 거거든요.

일단 아이가 왜 몸놀이를 싫어하는지 알아야 할 필요가 있습니다. 여러 가지 원인이 있을 수 있습니다. 첫째, 아이가 몸을 움직이기 싫어한다. 둘째, 조금 불편한 것을 참지 못한다. 셋째, 감정표현에 다소 과장이 있다. 같은 감정을 느껴도 표현하는 방식은 사람마다 다릅니다. 화가 나면 조용히 삭히는 사람도 있고, 소리를 지르고 물건을 던지면서 분노를 표현하는 사람도 있습니다. 아이들도 마찬가지입니다. 정서적으로 느끼는 감정의 정도는 비슷하더라도 소극적으로 표현하는 아이도 있고, 대성통곡하며 뒤로 뒤집어지고 심지어 자신을 때리는 아이도 있습니다.

표현되는 모습만으로 아이의 감정을 측정하기는 어렵습니다. 눈으로 보이는 것보다 더 커다랄 수도 있고, 걱정했던 것보다 훨씬 소소한 감정일 수도 있습니다. 즉, 아이가 표현을 거칠게 한다고 해서 정말 죽도록 싫은 것이 아닐 수 있습니다. 표현은 그렇게 하더라도 머릿속으로는 '이거 해볼까 말까? 재미있을 것 같기도, 힘들 것 같기도 한데, 엄마가 해보자고 하니까 해볼까? 어떻게 하지?'라고 고민하고 있는 것이라고 보면 좋아요.

표현방식이 과하다고 아이에게 해볼 기회조차 주지 않는다면 아이는 새로운 경험을 해볼 수 없겠죠. 다양하고 새로운 경험이 적어지면 발달이 늦어질 가능성이 높아집니다.

아이가 거부해도 쓰고 맛없는 약을 먹어야 할 때도 있지요. 쓰지만 먹고 나면 몸이 낫는 경험을 한두 번 하게 되면 약을 잘 먹게 됩니다. 또 먹기 싫지만 한두 번 참고 잘 먹고 나면 엄마 아빠가 칭찬해주고, 주변에서 박수치며 격려해주니 '이 정도의 쓴맛은 고통스러운 게 아니구나. 충분히 먹을 수 있는구나' 하고 생각이 바뀌며 느끼는 감정도 달라집니다.

Chapter 5

행복한 몸놀이를 위한 5가지 규칙

잠자기 전 30분 함께 뒹굴어라

지금 내가 사는 곳은 14층 아파트의 맨 꼭대기층인 14층이다. 이곳으로 이사 오게 된 계기가 있다. 그전에는 9층에 살았었다. 우리집 위층에는 네 살짜리 남자아이가 있었는데 종종 울음소리가 들리고 돌아다니는 소리가 나긴 했지만 불편할 정도는 아니었다. 문제는 밤 12시부터였다. 밤 12시부터 아이가 뛰어다니기 시작했다. 온 집안이 쿵쿵거리게 느껴질 정도로 이쪽 방에서 저쪽 복도 끝방까지 계속 뛰어다니는 것을 멈추지 않았다. 새벽 1~2시에 이르기까지 소음은 계속되었다. 잠을 설치고 참기 어려웠던 남편은 경비실에 도움도 청하고, 직접 찾아가서 12시 이후에는 아이가 뛰지 않도록 요청했다.

그 이후, 아이는 뛰지 않았을까? 여전히 아이는 뛰었고 다만 다른 변화가 생겼다. 아이를 향해 소리 지르는 엄마 아빠의 목소리가 함께 들려왔다.

"안 돼! 뛰지 마! 하지 말라고! 빨리 자!"

이어서 부모에게 혼나서 속상한 아이의 울음소리까지 세트로 들렸다. 그래서 우리 가족은 이사를 결정했다. 윗집이 없는 14층 아파트의 14층으로 이사를 했다. 이사 온 지 거의 2년이 다 되어간다. 층간소음이 삶의 질을 얼마나 좌우하는지 확실하게 깨달았다.

층간소음으로 힘들기는 했지만 그 아이의 마음은 이해되었다. 윗집 부모는 학원에서 강사로 일하고 있었는데, 보통 학원 강사들은 오후부터 수업이 시작돼서 12시가 다 돼서 수업이 마친다. 수업 마치고 집에 오면 자정이 넘는다. 엄마 아빠를 보고 싶었던 아이가 밤늦게 엄마 아빠를 만났다. 바로 잘 수가 있겠는가. 엄마 아빠의 얼굴을 봐서 신이 나고, 계속 놀고 싶을 수밖에. 그러니 아무리 뛰지 말라고 해도 소용이 없을 수밖에 없다.

이럴 때는 차라리 아이를 안고 침대 위로 올라가는 것이 낫다. 아이를 안아주고 뽀뽀도 해주고 간지럼을 태우고 온몸을 안마해주면서 침대에서 뒹굴뒹굴하는 것이다.

아이에게는 매일 부모의 사랑과 관심을 충전해줘야 한다. 부모와 떨어져 있었던 아이의 시간을 이해해주고, 그 시간만큼 충분히 보충해주자. 물론 떨어져 있었던 시간만큼 계속 같이 있어주기는 어렵다. 그래서 필요한 것이 아이와 찐하게 하는 몸놀이 30분이다.

온종일 일하고 와서 피곤한데 어떻게 아이를 들고 돌려주고 비행기 태워주겠느냐 반문하는 부모도 있을 것이다. 그럴 때도 방법은 있다. 아이에게 등을 밟아달라고 해보자. 안마를 해달라고 하면 그게 몸놀이가 된다. 온종일 집안일 하느라 허리가 아파서 눕고 싶다면 아이와 같이 누워서 마주 보는 것도 몸놀이다. TV를 보며 쉬고 싶다면 부모의 몸 위에서 아이가 비비대며 뒹굴게 한다. 이때 엄마 아빠는 아이를 살짝살짝 건드리며 간단한 자극을 주는 것이 좋다. 부모의 배, 겨드랑이, 다리 사이를 굴러다니다가 어느새 잠이 든 아이를 볼 수 있다.

혹은 다 같이 간단한 스트레칭을 해보는 것도 좋은 방법이다. 잠자기 바로 전의 격렬한 몸놀이는 오히려 수면을 방해할 수 있다. 그러나 스트레칭은 몸을 이완시키고 긴장을 풀어준다. 최고의 스트레칭은 다른 사람이 만져주는 것이라는 말이 있다. 서로 상대방의 뒷목을 쓰다듬어주거나 다리를 눌러주거나 하면 스킨십을 하면서 피로도 풀 수 있다. 그러다 보면 의도치 않게 스트레칭이 놀이로 바뀌기도 하는데, 그런 식으로 우리 가족만의 놀이 방법을 만들어나갈 수 있다.

낮에 몸놀이를 할 때보다 잠들기 30분 전 몸놀이에서 아이들은 더 편안한 모습을 보인다. 밤이다 보니 조용하고 차분한 분위기에서 몸놀이를 할 수 있다. 한껏 놀려고 흥분하기보다는 긴장을 풀고 상대의 말과 행동에 더 집중한다.

강렬한 인상의 영화를 보고 나면 영화가 끝나고 나서도 그 잔상이 오래 남는다. 그러면 영화의 장면들을 따라 해보기도 하고, 영화 관련한 리뷰와 정보를 찾아본다. 영화 O.S.T를 찾아 들으며 영화의 감동을 이어간다. 부모와 찐하게 몸놀이 30분을 하고 나면 그 시간은 아이에게 강렬한 경험이 된다. 그러면 아이는 부모 없이 있어야 하는 시간을 견딜 힘이 생긴다.

나는 하루 중 이 몸놀이 하는 시간이 가장 행복하다. 아이 냄새를 맡고 아이와 살을 부대끼다 보면 아이 못지않게 부모의 에너지도 충전된다. 아이를 위해 부모가 일방적으로 희생하는 관계가 아님을 알게 된다. 회사 일로 아이가 잠들 시간에나 집으로 돌아오는 아빠들이 많다. 이 시간 만이라도 잠시 아이와 살을 부대끼며 누워보면 안다. 아이가 있어서 힘이 된다는 것을. 이 시간에는 온 가족이 힘을 풀고 서로에게만 집중해보자. 하루 대부분 시간을 함께하지 못했지만, 이 30분은 그 시간을 채울 만큼 힘이 세다.

매일 하루 30분 몸놀이로 아이에게 충전해주자. 부모의 아낌없는 사랑과 관심을, 부모와 떨어진 시간을 잘 이겨낼 용기를, 매일 새롭고 모험적인 삶을 살아갈 에너지를.

짧게 여러 번보다 한 번에 30분이 좋다

"한 번에 30분은 쉽지가 않네요."

"자주 짧게 스킨십은 해주고 있어요."

만나서 함께 몸놀이 수업을 하는 어머님 중에 이런 이야기를 하시는 분들이 있다. 내가 분명히 이어서 30분 해달라고 여러 번 말씀드렸는데도 이런 말을 들으면 잘 지켜지지 않은 것 같아 속이 상한다. 분명 제대로 한번 해보면 왜 이어서 30분을 해야 하는지 알 수 있을 텐데 안타까운 마음이 든다.

"선생님! 몸놀이 30분에 어떤 과학적 근거가 있는 건가요?"

1년 전이었다. 한 어머님이 열정 가득한 눈빛으로 이렇게 질문한 적이 있다. 그 어머님이 궁금한 이유는 따로 있었다. 30분을 지켜서 몸놀이를 했더니 아이가 신기할 정도로 변했기 때문이다. 우리와 처음 만났을 때 이 아이는 다른 사람과 눈을 마주치지 않고, 자꾸 허공을 바라보았다. 자폐증 진단을 받고 센터에서 치료를 받고 있는 아이였다. 눈을 마주쳐도 아주 잠깐이었다. 스스로 와서 먼저 바라보는 일이 없고, 앞에 가서 가까이 눈을 들이대야만 잠깐 눈을 맞출 정도였다.

그런데 몸놀이 30분을 연속해서 하라는 이야기를 듣고, 어머님은 시간을 표시해놓고 무조건 30분을 지켜보기로 했단다. 그러자 신기하게도 몸놀이 30분을 하기 시작한 지 얼마 안 돼서 놀라운 일이 벌어졌다. 아이가 먼저 와서 엄마에게 눈을 맞춘 것이다. 하도 계속 엄마를 쳐다봐서, 엄마가 다 낯설고 이상할 정도였다고 했다.

몸놀이 30분을 해본 사람들은 안다. 짧게 여러 번보다 연속해서 30분이 아이에게 훨씬 이롭다는 것을. 물론 보통의 아이들은 몸놀이를 하면 매우 좋아하기 때문에 웬만해서는 30분 안에 끝내기가 쉽지 않다. 지칠 줄 모르는 체력으로 계속하고 싶어하기 때문이다.

나는 딸아이와 몸놀이를 하면 기본 30분이고, 평균 1~2시간이다. 서로 몸을 부대끼고 즐기다 보면 어느새 몇 시간이 지나가 있다.

몸놀이 30분의 의미를 좀 더 생각해보자. 어떤 한 사람과 한 장소에서 30분 이상 소통한다고 해보자. 30분 동안 소통하기 위해서는 상대방에게 더 집중해야 한다. 이야기할 거리도 찾아야 하고, 상대방의 행동과 표정, 여러 반응을 잘 살펴야 한다. 그렇게 30분간 소통하고 나면 상대방에 대해 많은 것을 깨닫게 된다. 외모, 성격, 취미, 관심사 등의 정보를 알게 된다. 즉, 관계가 형성되고, 소통을 통해 공유한 것들이 생긴다.

한편, 이 사람을 필요할 때만 2~3분가량 10번 만났다고 해보자. 인사하고, 필요한 이야기를 하고 이내 뒤돌아선다. 그 짧은 만남이 10번이 되고 100번이 되어서, 나눈 시간이 30분이 훨씬 넘더라도 그 사람과 친해졌다고 느껴지지 않는다. 나의 지인에 포함되지 않는다.

자주 가는 편의점의 직원, 출근길에 만나 인사를 나누는 경비원 아저씨, 매일 만나지만 우리는 이들과 친하다고, 소통하며 지낸다고 생각하지 않는다. 아이에게도 비슷하게 적용이 된다. 배고플 때 밥 주고, 목마를 때 물 주고, 옷 입히고 벗겨주고, 씻겨주고, 대소변 갈아주는 것은 부모가 아니어도 해줄 수 있고, 이것은 보육에 해당한다. 가장 소극적인 육아의 모습이다. 이런 필요에 의해서 일어나는 관계는 아이에게 안정감을 줄 수 없다.

나는 매일 같이 일하는 선생님들을 만난다. 그런데 매일 만나도 잠시 잠깐 인사를 나누고, 몇 가지 질문만 나눈 선생님과는 아직 거리가 있다고 느껴진다. 일대일로 30분 이상 미팅을 가졌던 선생님들하고는 관계가 확 트인 기분이 든다. 더 신뢰가 생긴다. 아무리 오래 함께 했다고 해도, 터놓고 깊이 있는 대화와 소통을 하지 않았다면, 그 관계는 분명 가벼울 것이다.

아무리 내 배 아파서 내 몸에서 낳은 자식이지만 가끔 아이를 볼 때, '얘는 도대체 누구지? 어디에서 왔을까?' 하는 기분이 들 때가 있다. 나는 아이를 낳고 한 1년까지는 가끔 이런 기분이 들었다. 아이의 존재가 신기하기도 하고, 낯설기도 했다. 실제로 많은 부모가 아이의 존재를 낯설어한다. 그뿐만 아니라 부모가 된 상황 변화에도 빨리 적응하지 못한다. 그래서 이런저런 이유로 육아가 불편하고, 부모 역할이 힘들게 느껴진다.

부모가 되는 것, 그리고 부모로서 성장하기 위해서는 과정이 필요하다. 내 아이와 더 가까워지고, 아이의 존재에 익숙해져야 한다. 부모가 해야 할 역할에 빠르게 적응해야 한다. 그러기 위한 가장 좋은 방법은 몸놀이를 하는 것이다.

앞서 사랑의 호르몬 '옥시토신'에 관해 이야기한 바 있다. 옥시토신은 스킨십을 할 때, 몸놀이를 할 때 체내에서 분비된다. 그런데 이 옥시토신은 3~4초의 짧은 스킨십으로는 분비되지 않는다. 퇴근 후에 아이를 안고 "○○야~ 잘 지냈어? 보고 싶었어. 사랑해"라고 말하며 몸을 토닥토닥한다. 충분히 다정하고, 좋은 부모다. 하지만 옥시토신은 분비되지 않는다. 옥시토신은 포옹 후 20초부터 분비되기 때문이다. 포옹 그 즉시 분비되는 게 아니라 포옹이 지속된 20초 후부터다. 자주 안아주고 쓰다듬어준다고 해도 20초가 넘지 않으면 옥시토신 효과를 기대하기 어렵다.

스킨십을 3분 했다고 하자. 그러면 옥시토신이 2분 40초 동안 분비되었다고 볼 수 있다. 옥시토신 분비량이 시간과 비례하는지는 정확히 보고된 바 없지만, 스킨십을 오래 할수록 많이 분비된다는 것은 분명하다.

옥시토신이 우리 아이에게 팡팡 분비되게 하자. 하루에 아이와 몸놀이 하는 시간을 지금 바로 정해보자. 내 경우 저녁 9시부터는 딸아이와 몸놀이를 하면서 잠자리를 준비한다. 약 한 시간 정도 함께 웃고 뒹굴다가 10시가 되면 딸아이는 편안하게 잠자리에 든다.

아이와 해피 타임(=몸놀이 타임!)을 정했다면 그때부터 30분간 서로의 몸을 하나라고 생각하자. 떨어지지 말자. 서로에게 몸을 내맡기고 놀아보자.

지금껏 살면서 가장 기억에 남는 일이 무엇인지 물으면 남성 중 대부분이 '군대'에서의 일이라고 한다. 왜 그럴까? 이전에는 해보지 않았던 힘들고 고생스런 일들을 군대에서 해봤기 때문이다. 나에게 기억에 남는 일을 묻는다면, 크게 두 가지가 있다. 아프리카로 선교 갔을 때와 뉴욕 맨해튼에서 지냈을 때이다.

아프리카에서는 이런 일이 있었다. 자다가 얼굴이 간지러워 얼굴을 비비며 깼다. 일어나보니 바퀴벌레가 내 얼굴을 횡단하고 있었다. 또 하루는 다리가 간지러워서 보니 벼룩이 여기저기 다리를 깨물고 지나갔다. 아프리카에서는 이동하는 시간이 많았는데, 긴 시간 이동하고 차에서 내려보면 머리가 염색되어 있었다. 머리에 흙먼지가 쌓여서 갈색머리가 된 것이다.

뉴욕 맨해튼에서 2년가량 지냈을 때는 돈이 정말 없었다. 1달러를 쓰는 것도 손이 덜덜 떨렸다. 바나나와 땅콩잼으로 한끼 때울 때도 잦았다. 맨해튼 도심 구석마다 볼거리가 참 많아서 다리 아프도록 걸어 다니며 좋은 구경도 참 많이 했지만, 그때만큼 힘들고 궁핍했던 적이 없었다.

이처럼 고생했던 일들이 더 기억이 남는다. 익숙하고 반복되고 편했던 일들은 잘 기억나지 않는다. 그 이유는 평범하고 일상적일 때보다 힘들 때 뇌를 더 많이 쓰기 때문이다. 더 긴장하고 집중했기에 그 일들이 뇌에 새겨지듯 입력된 것이다.

다시 말해, 뇌가 발달하려면 너무 편하면 안 된다. 불편한 상황이 있어야 한다. 그래야 머리를 쓰고, 뇌가 적극적으로 기능하게 된다. 유명한 발명가들의 시작은 일상에서 느끼는 불편함에서부터 시작되었다. 그러한 불편함이 발명가를 이끌었다. 그들이 편한 환경에 있었다면 결코 뭔가를 발명하려고 노력하지 않았을 것이다. 머리를 조아리고 더 고민하고 연구하지 않았을 것이다.

쉬운 일만 하면 안 된다. 그러면 생각도 단순해진다. 조금씩 단계적으로 어려운 경험을 해야 한다. 스스로 어려운 문제를 해결해보고자 몸도 움직이고 머리도 써야 한다. 그러면서 아이는 성취감을 느끼고, 어려운 문제도 해결할 수 있다는 자신감이 생긴다. 어떤 일이 닥쳐도 적극적으로 나선다. 그러다 더 어려운 것이 생기면 깊이 생각한다. 집중하고, 몰입한다. 그렇게 능동적인 뇌 활용이 계속된다.

몸놀이도 이러해야 한다. 쉽고 반복되고, 익숙하고, 편하기만 하면 안 된다. 어렵고, 새롭고, 다양하고, 불편하게도 해야 한다. 아이가 좋아하는 몸놀이는 80%, 나머지 20%는 조금 불편한 몸놀이를 해야 한다. 우리가 어릴 적 짓궂게 장난치던 삼촌 기억나는가? 얼굴을 잡고 들어다가 서울구경 시켜준다고 장난을 걸었던 그런 삼촌이나 아저씨가 있었을 것이다. 목이 빠질 것 같고 불편한 느낌이 조금 싫었겠지만, 그때 나의 뇌는 활성화되었다.

아이의 뇌를 쉽게 '생각주머니'라고 말하기도 한다. 주머니가 커지는 과정을 뇌가 발달하는 것으로 비유한다. 생각주머니를 점점 크게 만들려면 어떻게 해야 할까? 아이는 다양한 체험을 하면서 생각주머니를 계속 채워나가야 한다.

똑같은 것만 담는다면 어떻게 될까? 같은 모양의 종이컵이 10개 있다고 하자. 또, 각양각색의 컵이 10개 있다고 하자. 이것을 담을 주머니는 어느 쪽이 더 커야 할까? 그렇다. 다른 모양의 컵을 담을 주머니가 더 커야 한다. 같은 모양의 종이컵은 10개가 서로 포개어지니 작은 주머니로도 담을 수 있다.

아이가 경험하는 것의 성격에 따라 이를 담는 주머니의 크기는 달라진다. 주머니의 크기는 컴퓨터 하드웨어의 용량이라고 생각해도 좋다. 그만큼 다양하고, 새롭고, 복잡하고, 불편하고, 낯선 경험들을 하면 뇌의 발달은 촉진된다. 뇌의 용량이 커진다.

'햄버거, 핫도그, 샌드위치, 도너츠'

아이들이 좋아하는 패스트푸드 종류를 나열한 게 아니다. 내가 만든 몸놀이 종류다. 햄버거는 아이를 아래에 엎드리게 한 상태에서 그

위에 함께 엎드려 압박감을 주는 놀이다. 우리 어렸을 때 친구들끼리 짜부나 찐빵 놀이라고 해서 많이 했던 그 놀이다. 햄버거처럼 빵 위에 토마토, 양파, 고기패티를 쌓고, 가장 위에 빵을 덮는다. 나는 아이들과 이렇게 놀이를 한다.

"햄버거 놀이 할 사람?"

"밑에 빵 할 사람?"

"넌 햄버거에서 뭐 할 거니?"

이렇게 서로 몸을 겹쳐서 쌓고 쌓는다. 아이들은 울기도 하고, 힘주다가 얼굴에 실핏줄이 터지기도 했다. 하지만 이런 아픔이 있는데도 신기한 것은 숱한 아이들이 나에게 와서 먼저 요청한다는 것이다.

"선생님~ 햄버거 해주세요."

아직 말을 잘하지 못하는 어린 아이들도 '햄버거! 햄버거!'라고 외치며 내 앞에 와서 엎드린다. 조금 힘이 들지만 그만큼 강하게 각인되었기 때문이다.

뇌과학들이 공통적으로 이야기하는 게 있다. 뇌는 엄마 뱃속에서부터 태어나 죽을 때까지 발달한다. 뇌 발달을 촉진하기 위해서는 불편한 것, 어려운 것, 낯선 것, 새로운 것, 힘든 것, 다양한 것을 충분히 경험해야 한다. 어린아이부터 노인에 이르기까지 이러한 경험을 하면 할수록 뇌가 발달하게 되고, 치매도 예방된다.

불편한 몸놀이는 아이의 행동을 촉진하고 사고를 활발하게 한다. 그래서 아이를 훈육할 때나 아이가 지켜야 할 것을 이야기해줄 때도 불편한 몸놀이를 사용하면 효과적이다. 햄버거 같은 놀이 이외에도 아이의 몸을 한동안 마음대로 움직이지 못하도록 하는 몸놀이가 있다.

나는 친구를 때리는 아이에게 "친구 때리면 안 돼요. 친구가 아파요"라고 말로만 설명하지 않는다. 아이를 꽉 안고 가만히 기다리게 한다. 그동안 생각할 시간을 주는 것이다. 어느 정도 아이가 생각할 시간이 지났다고 생각되면 질문을 한다.

"친구에게 어떻게 하면 좋을까?"

"여기서는 친구랑 어떻게 놀면 좋을까?"

선생님과 몸을 접촉하면서 선생님의 의도를 파악하도록 한다. 선생님이 아이를 꽉 안으면, 아이는 이런저런 생각을 하게 된다.

'선생님은 왜 나를 껴안지? 지금은 무엇을 해야 하는 상황이지? 방금 내가 한 행동이 좋았을까, 그렇지 않았을까? 그럼 나는 지금 선생님께 뭐라고 해야 할까? 어떤 말과 행동을 해야 좋을까?'

어떤 행동이 올바를지 아이 스스로 답을 찾아가는 것이다. 아이는 생각할 시간을 가지면서도 선생님의 따뜻한 체온을 느끼므로 혼나고 있다고 생각하지 않는다. 그래서 이런 방법을 쓰면 아이가 심리적으로 위축되지도 않고, 선생님과의 관계도 깨지지 않는다. 오히려 선생님의 마음을 느끼며 더 올바른 행동을 하고자 노력하게 된다. 나는 수없이 많은 아이가 이런 과정으로 문제행동을 소거해나가는 것을 보았다.

넓게, 세게 해라. 울어도 좋다

몸놀이의 종류는 굉장히 다양하다. 매일 몸놀이를 하다 보니 내가 알고 있는 몸놀이만 해도 100개가 넘는다. 그렇게 많은 몸놀이 중에 나는 주로 몸과 몸이 접촉하는 면이 넓은 몸놀이를 한다. 그런 몸놀이가 아이의 발달에 더 유익하기 때문이다.

피부 감각의 양에 따라 뇌의 크기가 정해진다고 한다. 따라서 몸과 몸이 접촉하는 면이 넓어야 한다. 신체 접촉면이 넓으면 몸 안에 있는 감각을 더 많이 쓰게 된다. 더 많은 피부의 감각이 외부의 자극을 받아들여 뇌로 보내게 된다. 몸놀이 할 때 접촉면이 넓으면 감각의 양도 많게 된다. 입력된 것이 많으면 출력되는 것도 많다. 결국 뇌 발달이 촉진된다.

따라서 몸놀이 할 때는 조금 세다 싶을 정도로 하는 게 좋다. 센 힘을 경험해본 아이가 작은 힘도 쓸 수 있고, 큰 힘도 쓸 수 있다. 힘을 자주 경험한 아이가 힘을 잘 조절하게 된다. 힘을 조절할 수 있게 되면 아이가 할 수 있는 능력의 범주가 넓어진다. 작은 힘이 필요한 것도 잘하고, 큰 힘이 요구되는 것도 잘할 수 있게 된다.

목소리로 예를 들어보겠다. 성악가들은 힘을 많이 주어서 큰소리, 높은 소리를 낼 수 있도록 훈련한다. 큰소리와 높은 소리를 내면서 몸을 사용하여 힘을 조절한다. 그런 훈련이 반복되면 소리를 낼 때 강약조절, 템포조절이 능숙해진다. 그러면 높고 큰 소리를 안정적으로 낼 수 있게 된다. 물론 낮고 작은 소리도 더 잘 내게 된다.

몸놀이를 수업을 할 때 내가 많이 하는 말이 있다.

"좀 세게 해주세요. 아이가 반응하도록 더 세게 해주세요."

"몸의 느낌을 충분히 알 수 있도록 세게 꾹꾹 마사지를 해주세요."

몸놀이에 익숙하지 않은 부모들은 힘 조절을 못해서 아이의 갈비뼈가 부서질까, 멍이 들까 조심스러워하는 면이 있다. 마사지를 해주면 마사지 받는 부위가 움찔움찔 움직여야 하는데 아이에게서 아무 반응이 없다. 그러면 제대로 몸놀이가 되지 않고 있는 것이다.

몸놀이 수업을 할 때 내가 자주 하는 동작이 있다. 다리를 구부려서 배를 누르는 몸놀이다. 아이가 엄마 뱃속에 있었던 자세처럼 다리를 구부려서 몸을 움츠리도록 한다. 그리고 그 자세에서 조금 더 압박감과 무게감을 느낄 수 있게 아이 다리에 힘을 주어 배 쪽으로 눌러주는 것이다. 다리를 구부려 배를 누를 때는 아이의 얼굴이 조금 빨개질 때까지 꾹 누르도록 지도한다.

이 몸놀이를 하는 이유는 여러 가지다. 허벅지가 배에 닿으면서 신체와 신체가 접촉하는 면이 넓어져서 아이는 그 감각에 더 집중하게 된다. 배에 적당한 압박은 내장이 건강하게 발달할 수 있게 하는 자극이 된다. 배를 누른다고 소화가 안 되거나 먹은 걸 토하거나 하지 않는다. 오히려 소화가 잘 되고, 위와 장이 건강해진다. 어릴 적 배가 아프면 엄마가 배를 만져주면서 이런 노래를 불러주었다. "엄마 손은 약손~♬ 엄마 손은 약손~♬" 엄마가 노래를 부르며 손으로 배를 만져주면 소화가 되고 장의 활동도 활발해졌다.

또한, 허벅지가 배에 닿아 눌러주면 호흡에도 영향을 미친다. 즉 숨을 멈추게 하려면 아이는 자신의 호흡을 의식해야 한다. '숨'에 대해 이해할 수 있는 경험이 되는 것이다. 그래서 나는 숨이 조금 답답하게 느껴지는 불편한 몸놀이를 하도록 한다.

만지면 다치고 건드리면 깨질 것처럼 아이를 대하면 아이는 마치 온실 속 화초처럼 자라게 된다. 온실 밖을 나가면 바람에 꺾인다. 비가 오면 쓰러진다. 행인의 발에 밟히면 그대로 주저앉는다. 온실 속의 화초는 온실 밖에 나가면 쉽게 시들어 죽게 된다. 우리는 아이들을 온실 속 화초처럼 키우면 안 된다. 길가의 잡초처럼 키워야 한다. 어떤 환경에서도 끈기 있게 생존할 수 있도록 단단하고 강하게 키워야 한다.

그런데 몸놀이를 하다가 아이가 울면 어떻게 해야 할까?

"애 아빠는 아이랑 놀아준다고 노력은 하는데, 꼭 아이를 울리면서 끝이 나네요. 웃으면서 잘 놀아주면 좋은데, 왜 이렇게 아이를 울리면서 노는지 모르겠어요."

아이가 울면 혹시 놀이 방법이 잘못된 것은 아닐까 걱정이 된다. 그래서 아이를 울린 남편을 탓하기도 하고 살살 하라고 화를 내기도 한다. 하지만 아이의 울음을 부정적인 관점에서 바라봐선 안 된다. 아이의 울음에는 굉장한 의미가 있다. 우는 아이가 훨씬 건강하고, 울어야 건강하게 자란다. 아이의 울음에 관해서는 책 한 권을 써도 모자랄 정도의 이야기가 있지만, 이 책에서는 울음이 아이에게 어떤 의미가 있는지만 간단하게 짚어보겠다.

- 눈물을 흘리면 스트레스가 해소되는 효과가 있다.
- 눈물을 흘리면 여러 가지 감정을 경험한다. 자기 자신에 대해서 알아간다.
- 울 줄 아는 아이가 타인의 감정에 잘 공감한다.
- 감정조절 기회가 많아진다. 자기조절력이 향상된다.
- 울면서 몸에 진동이 생기고, 이 진동이 혈액순환을 돕는다.
- 울면 힘을 많이 쓰게 되므로 적절하게 에너지가 소진되어 잠을 잘 자게 된다.
- 발성과 호흡이 발달하여 언어 발달에 큰 도움을 준다.

일부러 울리지 않아도 대부분 아이는 하루에 한 번 이상 운다. 건강하다는 신호다. 아이들은 안 우는 것보다 우는 게 더 유익하다. 오늘부터는 아이가 울면 '네가 잘 크느라 우는 거구나'라고 생각하자. 그리고 몸놀이 하다 울면 이렇게 이야기하자.

"그랬구나. 네가 좀 불편했구나. 아팠구나. 그래서 속상했구나."

이렇게 아이의 감정에 충분히 공감해주자. 그렇지만 원하는 대로 다 해주지는 말아야 한다. 아이가 운다고 그 상황을 부모가 다 해결해주는 것은 옳지 않다. 세상은 원하는 대로 돌아가지 않고 예측하지 못한 일들이 벌어지기도 한다. 끊임없이 해결해야 할 여러 가지 상황을 마주하게 된다. 그러한 일들을 잘 해결할 수 있도록 미리 가정 안에서 몸놀이를 통해 연습할 기회를 주는 것이다. 더 큰 문제를 스스로 해결하기 위한 예습이 되는 셈이다.

아이는 세상에 태어나면 모든 것이 새롭고 낯설다. 따라서 아이도 스트레스를 받는데, 스트레스를 해소하는 데 울음은 매우 효과적이다. 울 때 나오는 눈물은 물이 아니라고 한다. 눈물은 수분, 나트륨, 라이소자임, 글로불린, 스트레스 호르몬, 망간 등 많은 효소와 항체로 구성되어 있다고 한다. 눈물을 통해 스트레스 호르몬이 밖으로 배출되는 것이다.

《울어야 삽니다》의 저자 이병욱 박사는 눈물을 흘리고 난 후에 아드레날린이나 코르티솔 같은 스트레스 호르몬이 많이 줄어들었다고 말한다. 이 두 호르몬이 줄어들면 부교감신경이 확장되고 상대적으로 면역력이 크게 증가한다. 일본 토호 대학의 아리타 히데오 교수는 "목 놓아 우는 것은 뇌를 다시 한 번 리셋하는 것과 같은 효과가 있다"고 말한다. 또한, 눈물을 흘리는 동안에는 심장 박동이나 자율신경계가 안정 상태를 보인다고 한다.

아이는 울어야 한다. 울고 눈물을 흘리면서 스트레스를 해소하고,

감정을 적극적으로 표현해야 한다. 울면서 감정을 경험하고, 그 감정을 이해하고 조절해야 한다.

그래서 나는 아이들의 울음을 자주 확인한다. 아이 울음소리를 들어보면, 아이의 발달 상황이 어떠한지 알 수 있다. 울음이 아이 삶에 주는 의미도 매우 크다. 아이가 가장 적극적으로 외부와 소통하는 방법이 울음이라고 할 수 있다. 그 외에도 아이가 울어야 하는 이유는 참으로 많다. 아이는 잘 울고, 울음을 잘 조절하면서 자라야 한다. 그래야 건강하고, 총명하게 자랄 수 있다.

30분간 몸놀이 할 때, 처음 10분은 재미있고 유쾌한 몸놀이, 이어 5분은 조금 불편한 몸놀이, 나머지 15분은 아이가 원하는 몸놀이로 이어가면 좋다. 사실 놀이라는 게 정답이 없듯이, 몸놀이도 그렇다. 하지만 좀 더 좋은 방법은 놀이를 통해 다양한 경험을 하도록 하는 것이다. 불편한 몸놀이를 적절히 병행해서 해주면 아이는 다양한 감각, 다양한 감정을 경험하게 되고, 이것들은 서로 연결되어 막대한 정보가 된다. 몸놀이를 해보지 않은 아이들과는 확연히 구별되는 탁월한 정보를 축적하게 된다.

아이와의 몸놀이, 엄마 아빠도 즐겨라

여자에서 엄마가 되면, 참 많은 변화가 생긴다. 임신하는 순간부터 몸매가 바뀐다. 신체의 역할이 바뀐다. 호르몬이 바뀐다. 주변의 시선이 바뀐다. 그러다 보니 우울증이 오기도 한다. 엄마로서의 변화에 잘 적응하기 어렵기도 하다. 출산 후에 급격한 호르몬 변화로 야기된 우울감은 누구에게나 올 수 있다. 짧게 지나가기도 하지만 꽤 오랜 시간 겪게 되기도 한다. 특히 독박육아를 하는 엄마라면 더욱 우울감이 오래간다. 엄마의 우울감은 아이에게 큰 영향을 미친다. 아이에게도 우울감을 주고 급기야 소아우울증으로 이어지기도 한다.

소아우울증이 있는 아이들은 의욕이 없다. 표정도 없다. 활발히 탐색할 시기에 누워 있기만 하고, 의미 없이 허공만 쳐다본다. 잘 먹지도, 잘 자지도 않는다. 옹알이나 말도 하지 않고, 모든 면에서 발달 지연이 두드러진다.

이처럼 엄마의 우울증은 아이에게 치명적인 문제를 일으킬 수 있다. 그렇다고 엄마들에게 무조건 "우울해하지 마세요. 아이를 위해서 기쁘고 즐겁게 생활하세요"라고 한다고 엄마의 우울감이 해결되는 것은 아니다. 약물을 처방받는 것도 한 가지 방법일 수 있으나 모유수유를 하는 경우라면 약물 복용도 쉽지 않다.

아빠는 어떠한가? 한 가정의 가장이 되면서 삶의 무게가 그램에서 킬로그램으로 확 달라진다. 혼자 있을 수 있는 시간은 점점 줄어든다. 아이는 엄마만 좋아하는 것 같고, 아빠 자신은 아이에게 무력한 존재인가 고민하게 된다. 육아에 지친 아내를 위로하고 아내에게 힘을 주는 것, 아이와 재미있게 놀아주는 것, 어느 것 하나 쉬운 게 없다. 그래서 순식간에 깨고 부수고 판을 넘기는 게임이 당기고, 현실에서 벗어나게 해주는 긴장감 넘치는 영화가 보고 싶다.

부모도 성장이 필요하다. 아이와 함께 성장해야 모두 행복해질 수 있다. 부모 역할이 힘들거나 벅차다고 생각될 때면 아무 생각 말고 아이를 꽉 안아라. 말을 하거나 노래를 불러주지 않아도 된다. 그냥 서로 안고 있다 보면, 아이의 체온이 흡사 방전된 나를 충전시켜주는 것만 같다. 없던 기운이 생기고 사랑하는 마음이 커진다.

이러한 스킨십은 아이와 부모 몸속에 옥시토신 호르몬을 분비시킨다. 옥시토신이 많이 분비되면 세로토닌이라는 호르몬도 함께 분비되는데, 세로토닌이 분비되면 우리 뇌는 행복감을 느끼게 된다. 따라서 나는 이렇게 말하고 싶다.

"의식적으로 아이를 안아라. 습관처럼 껴안아라. 적어도 20초 이상 길게 안아라."

우리 센터를 찾아오는 많은 부모는 아이와 놀아주는 법을 잘 모른다. 내 자식이지만 어떻게 아이와 소통해야 하는지 몰라 먼 길을 헤매서 돌아오거나 아직도 길을 찾지 못해 방황하는 분들이 많다. 나는 선생님으로서 누구보다 열정적으로 아이들과 몸놀이를 하지만 될 수 있으면 부모가 참여하는 몸놀이를 많이 하려고 한다. 부모와 하는 몸놀이가 아이에게도 좋지만, 부모에게도 여러 가지 면에서 좋기 때문이다.

첫째, 어떻게 아이와 몸놀이를 하는지 배움의 시간이 된다. 몸놀이는 많이 해줄수록 좋다. 센터에 와 있는 시간 외에도 집에서 부모가 자연스럽게 몸놀이를 해주는 것이 좋은데, 상황에 맞게 할 수 있는 다양한 몸놀이 방법을 익힐 수 있다. 또 몸놀이를 할 때 아이들에게 어떻게 반응해줘야 하느냐 하는 구체적인 부분까지 알 수 있다.

둘째, 부모와 아이에게 소통의 시간이 된다. 몸놀이 시간은 몸으로 놀기만 하는 시간이 아니다. 몸으로 대화하는 시간이다. 같이 규칙이나 벌칙을 정해야 하고, 제대로 몸놀이를 하기 위해서는 몸의 합도 맞추어야 한다. 이런 몸놀이를 반복하다 보면 나중에는 서로의 눈빛만 봐도 마음을 알 수 있게 된다.

셋째, 부모에게도 힐링의 시간이 된다. 어른에게도 몸놀이는 필요하다. 몸을 움직임으로서 스트레스를 날려버릴 수 있다. 웃을 일 하나

없는 어른들 세상속에 있다가 아이들 세상속으로 들어가면 웃을 일이 많다. 실제로 부모와 함께하는 몸놀이를 해보면 교실 밖으로까지 들릴 정도로 웃음소리가 넘칠 때가 많다.

우리는 아이와 함께 행복할 권리와 의무가 있다. 부모는 아이를 위해서 행복해야 한다. 그래야 아이도 행복할 수 있기 때문이다. 행복은 전염된다. 특히 부모의 행복감은 아이에게 순식간에 전달된다. 행복해지는 것은 어렵게 느껴질 수 있지만, 생각보다 매우 간단하다. 함께 몸을 맞대면 된다. 함께 웃으며 눈을 맞추고, 간지럼 태워주고, 몸을 마주 대면 행복해진다. 그러면 우리 아이의 뇌도 건강하게 발달한다.

아이들은 무한한 가능성과 잠재력을 가지고 있다. 부모라면 아이의 잠재력을 더 넓게 높게 세워주고 싶다. 다른 이들이 미처 보지 못한 가능성과 능력을 찾아주고 싶다. '몸놀이'는 내 아이의 잠재력을 끌어낼 가장 간단하고 좋은 방법이다. 다만 일상에서 습관적으로 매일 해야 한다는 점에서 반드시 노력은 필요하다. 몸놀이의 효과를 제대로 알고 나면 달라질 수 있다. 조금 귀찮고, 힘들어도 아이와 놀아줄 힘이 난다.

아이와 몸놀이를 해보지 않은 부모는 거의 없을 것이다. 그러나 몸놀이가 아이의 발달에 얼마나 좋은 영향을 미쳤는지는 잘 알지 못했을 것이다. 그전에는 아이가 예뻐서, 놀자고 졸라서 몸놀이를 했다면, 이제 좀 더 제대로 시간을 투자해보자. 특별한 준비 없이도 언제 어디서든 하루에 30분 아이와 몸놀이 하면 된다. 그러면서 서로 만지고,

사랑을 나누고, 기쁨을 누리면 된다. 지금 아이와 하는 몸놀이가 내 아이의 미래를 바꾼다.

건강한 몸놀이를 위한 Q&A

Q 몸놀이를 하다가 아이가 다치면 어쩌죠?

A 몸놀이를 하다 보면 의도치 않게 다칠 수도 있습니다. 그래서 몸놀이 하는 공간은 가능한 안전한 곳이 좋습니다. 침대에서 또는 매트 위에서 하는 것이 좋습니다. 제가 아이들과 몸놀이 하는 곳에는 장판 밑에 5cm 되는 쿠션이 깔려 있습니다. 넘어져도 아이에게 바로 충격이 전해지지 않는 곳이지요.

몸놀이는 위험한 상황에 아이가 스스로 자신을 지킬 수 있도록 하는 연습이 됩니다. 그래서 조금은 미리 위험한 상황을 경험하게 하는 거죠. 몸놀이를 하다 보면 예상치 못하게 넘어지거나 몸이 부딪히는 상황이 있을 수밖에 없는데요, 이때 어떻게 자기 몸을 보호해야 할지 판단하고 스스로 몸을 조절해보도록 하는 경험이 됩니다.

유도 선수들이 상대방 선수에 의해 쉽게 넘어지지 않기 위해서 하는 훈련이 뭔지 아시나요? 바로 낙법입니다. 넘어지는 훈련을 수없이 반복합니다. 넘어지더라도 자신의 몸을 보호할 수 있게, 넘어지더라도 다음 공격에 조금 더 유리하게, 넘어지더라도 실점이 적을 수 있게 계속 넘어지는 연습을 합니다. 자꾸 넘어져 봐야 넘어지지 않는 법, 다치지 않게 넘어지는 법을 알 수 있습니다.

아이들은 안정적으로 잘 걸을 때까지는 자주 넘어집니다. 넘어져서 다칠까 봐 아이 뒤를 계속 쫓아다니는 것은 부모만 지치게 할 뿐입니다. 넘어지면서 안 넘어지는 법을 알게 되고, 균형을 잡으려 자기 몸에 집중하면서 근육이 발달합니다. 안전한 곳에서 넘어졌다가 스스로 일어서고, 자기 몸의 균형을 스스로 잡아봐야 합니다. 그러한 기회를 아낌없이 주어야 합니다.

Chapter 6

언제 어디서나 할 수 있는 추천 몸놀이 10

• 몸놀이 활동 방법

1. 그림을 보면서 따라 해보세요. 첫날은 그냥 그림만 보고 자유롭게 해보세요.
2. 둘째 날은 활동방법을 보세요. 제가 제시하는 방법으로 활동해보세요.
3. 셋째 날은 대화방법을 참고하세요. 시작할 때 이야기를 충분히 나누면서 해보세요.
4. 넷째 날은 아이와 응용하면서 해보세요. 부모와 아이의 상상력과 창의력을 발휘하여 몸놀이를 다양하게 확장해서 새로운 시도를 해보면 정말 좋습니다.
5. 다섯째 날은 상호작용해주세요. 그동안 아이가 원하는 대로 했다면, 이날은 부모가 원하는 방법으로 이끌어주세요. 반대로 부모가 아이에게 시키듯이 놀이했다면 이날은 아이가 놀이를 선택하고 주도할 수 있도록 해주세요. 상호작용은 그 방향이 쌍방입니다. 일방이 아니지요. 오기도 하고, 가기도 해야 상호작용입니다. 충분히 오가며 소통이 균형적으로 이뤄질 수 있도록 해주세요. 동등한 입장에서 서로 역할을 바꿔가며 리드해주세요.

• 몸놀이 활동 시 유의사항

1. 일부러라도 많이 웃으세요. 큰소리가 나게 깔깔 웃거나, 소리를 지르며 약간의 오버액션도 좋습니다. 아이처럼 놀아주세요. 아프면 아프다, 재미있으면 정말 신 난다고 이야기하면서 몸놀이 해주세요. 몸놀이 시간, 함께 놀며 소통하는 기쁨을 느끼도록 해주세요.
2. 아이에게 시키는 것이 아니라 함께 하는 것입니다. 엄마 아빠가 같이 노는 시간입니다. 의무감으로 억지로 하는 것은 놀이가 아니지요. 아이와 함께 온몸과 마음을 다해서 즐겨주세요. 아이와 노는 시간을 통해 스트레스는 비워지고 행복감으로 채워질 거에요.

3. 무조건 엄마 아빠가 져주지는 마세요. 아이는 무조건 이기고 싶어하지만, 지는 경험도 해봐야 합니다. 자기 생각대로 되지 않을 때도 있다는 것을 알아야 합니다. 서로가 즐겁게 놀려면 약속된 질서와 규칙을 지켜야 한다는 것도 알 수 있게 해주세요.
4. 우리 몸으로 느껴지는 감각은 눈에 보이지 않습니다. 의학계에서 분류하는 감각의 종류도 있지만, 아직 그 분류 안에 들어가지 않는 감각이 더 많습니다.(육감, 직감, 예감, 인기척 등) 몸놀이로 아이의 다양한 감각이 발달하게 해주세요.

※ 몸놀이 할 때 아이 몸에서는 많은 일이 벌어집니다. 몸으로 느껴지고 경험되어지는 것이 참 많습니다. '아이 몸의 이야기' 내용 중 괄호 안에 넣은 감각은 이미 의학계에서 공식적으로 명명되고 있는 용어도 있고, 필자가 임의로 만든 이름도 있다는 것을 참고해주시기 바랍니다.

놀이 1.

몸이 도화지예요

★ 활동방법

손끝으로 아이 손바닥에 하트, 별("정말 잘했어! 별표 다섯 개") 등을 그린다.

손끝에 힘을 달리해서 그린다.(살살, 세게)

손끝의 면적을 다르게 해서 그린다.(손끝을 세워서, 손가락을 눕혀서)

눌리는 시간의 장단(길게 쭈욱~, 짧게 톡톡)을 다양하게 변형해서 그린다.

손끝도 꾹꾹 눌러준다.

손바닥, 손끝, 손마디, 손등을 눌러주면서 부위별로 다른 느낌을 경험시켜 준다.

★ 대화방법

"오늘 지안이가 엄마를 잘 도와줘서 정말 고마워. 오늘 최고였으니까 손바닥에 별 다섯 개 그려줄게."

"손바닥에 또 뭘 그려볼까? 엄마는 지안이를 정말정말 사랑하니까 사랑의 하트 그려줄게."

"산을 닮은 세모도 그리고, 지안이의 예쁜 얼굴처럼 동그라미도 그릴게. 꼬불꼬불 이건 뭘까?"

"또 뭐 그려볼까? 생각해봐."

"이번에는 지안이가 엄마 손에 그려줄래?"

★ 아이 몸의 이야기

'내 손바닥에 엄마 아빠 손끝이 스치니 간질간질, 쓱쓱쓱.'(촉감)

'엄마가 별, 하트를 그릴 정도로 내 손바닥 면적이 이 정도 되구나. 내 장난감 자동차 크기랑 비슷한 것 같은데.'(사물인지, 공감각)

'엄마 손끝이 손바닥을 누르니 쑥쑥 들어가네. 스펀지 같기도 하고, 물렁물렁한 소파 같아.'(압박감, 신체구별능력)

'엄마 손끝이 손바닥을 지나갈 때마다 손바닥이 하얘졌다가 다시 빨개지네. 내 손안에는 알록달록 뭔가가 있나봐.'(내장감각)

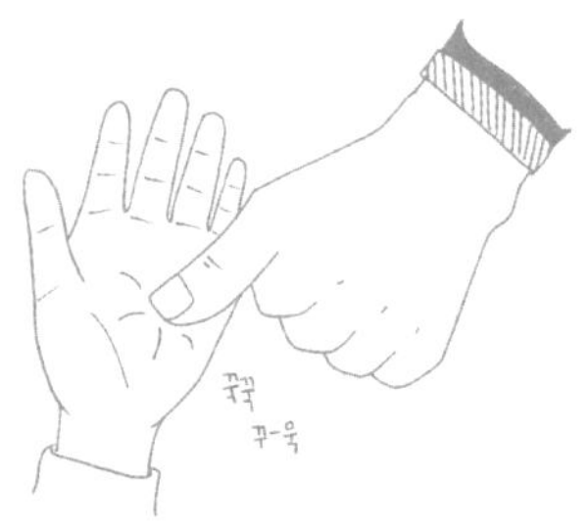

'엄마 손이 참 따뜻해. 엄마 손을 잡고 있으니 내 손도 따뜻해지는 것 같아.'(온도감각, 온각)

놀이 2.

전기놀이

★ 활동방법

아이의 손 전체를 부모 손으로 잡아서 꽉꽉 마사지 한다.

아이 손등과 손바닥을 쏙쏙 펴고 '후~' 하고 바람을 불어준다.

아이 손을 펴서 부모 손으로 아이 손바닥을 탁탁 친다.

아이 손가락 마디를 한 개씩 쭉쭉 당긴다.

손가락 끝을 잡고 흔들다가 '탁' 하고 떼면서 놓는다.

아이의 손목을 힘 있게 잡은 상태에서 아이가 잼잼 손으로 오므렸다 폈다 하게 한다.

피가 안 통해서 하얘지도록 아이 손목을 잡고 있다가 아이 손바닥 위에서 검지로 살살 달팽이를 그리면서 손목을 놔준다.(손의 혈류 흐름이 잠시 멈췄다가 다시 흐르면서 아이는 찌릿한 느낌을 받는다.)

반대쪽 손도 이어서 한다.

★ 대화방법

"우리 지안이 손 튼튼하고 야무지게 자라라고 엄마가 마사지해줄게."

"꽉꽉 짜고, 탁탁 치고, 쏙쏙 펴줄게."

"우리 지안이 손가락 한번 세볼까?"

"지안아, (손가락 관절을 함께 만지며) 여기는 왜 이렇게 딱딱한 줄 알아? 이 속에는 뼈가 있어. 뼈는 딱딱하거든. 뼈가 있어서 지안이 손이 이렇게 앞뒤, 옆으로 잘 움직이는 거야. 뼈가 있는지 한번 만져볼래?"

"엄마가 지안이 손목을 꽉 잡고 있으니까 색깔이 어떻게 변했지? 그래, 하얘졌네. 우와! 신기하다."

"자, 이번에는 엄마가 다시 빨갛게 해볼게. 두그두그두그두그 짜잔! 빨개졌지?"

★ 아이 몸의 이야기

'내 손바닥이 이렇게 생겼구나. 줄도 있고 울긋불긋하기도 하고, 손가락, 손톱도 있네.'(신체인식)

'내 손이 하얘졌네? 어! 이번엔 또 빨개졌네. 내 손안에 뭔가가 있나봐.'(내장감각)

'꽉 쥐니깐 손이 얼얼하고 찌릿찌릿해.'(혈관의 수축이완 감각)

'내 손을 꽉 잡아주니까 손이 쪼그라드는 것 같아. 엄마는 손힘이 정말 세다.'(압박감, 시지각)

'손가락 관절이 앞뒤 옆으로 참 재미있게 움직이는구나.'(고유수용성 감각)

'엄마가 손목을 꽉 잡고 손가락을 당겨주니까 내 손에도 같이 힘이 들어가네.'(힘의 작용과 반작용, 촉감, 압박감, 진동감)

놀이 3.

가위바위보 꿀밤 놀이

★ 활동방법

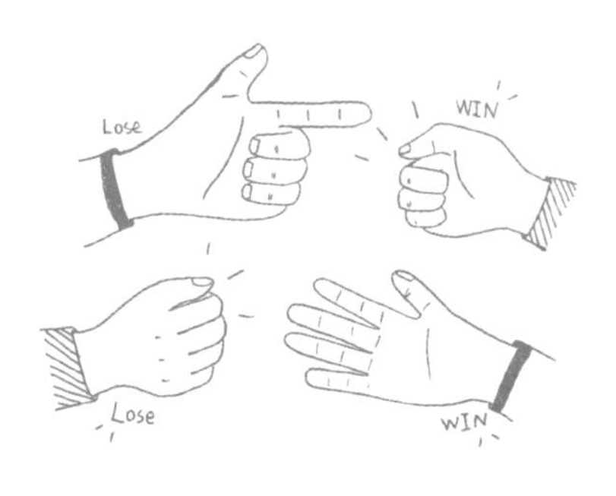

가위바위보 게임을 설명한다.

가위바위보 게임에서 이기고 지는 것을 이해하도록 도와준다.

가위바위보 해서 이긴 사람이 진 사람에게 어떤 벌칙을 줄지 생각하고 이야기 나눈다.

가위바위보를 하고 약속한 벌칙을 실시한다.

꿀밤을 맞았을 때는 신체 부위를 바꿔서 해본다. 어느 위치가 더 아픈지 구별하기도 하고, 신체 부위별로 느낌이 어떤지 알아간다.

'등을 두드리며 인디언밥', '서로 이마를 맞대며 박치기', '손목치기', '계단 오르기 할 때 멈춰 있기' 등 여러 가지 벌칙을 바꾸어가며 해본다.

★ 대화방법

"자, 엄마랑 가위바위보 하자."

"엄마가 이겼네. 이긴 사람이 진 사람에게 어떻게 하는 걸로 할까?"

"엄마가 졌네. 엄마는 이마에 꿀밤 해줘."

"(가위바위보 놀이가 쉬워질 때쯤에는 장난기를 넣어서) 가위바위 보슬보슬 개미똥꾸 멍멍이가 노래를 한 다람쥐가 춤을 추니 까마귀가 까악까악 질러보다 가위바위보!"

★ 아이 몸의 이야기

'손가락 모양을 바꾸면서 다양한 놀이를 할 수 있구나.'(놀이에 대한 흥미 증가, 소근육 발달)

'나와 다른 사람은 생각과 행동이 다르고, 승부를 낼 수 있구나.'(자아 발달, 타인 이해)

'놀이에는 규칙이 있을 수 있구나.'(인지 향상)

'이마에 꿀밤 맞을 때랑 손등에 맞을 때랑은 느낌이 다르구나.'(신체 부위별 촉감)

놀이 4.

엄지 씨름

★ 활동방법

마주 보고 같은 쪽 손을 세로로 마주 잡는다.

상대방 엄지를 자신의 엄지손가락으로 잡아서 누르도록 움직인다.

사람들이 하는 씨름과 비슷한 놀이이며, 몸으로 하는 대신 엄지로 씨름하는 것임을 설명한다.

씨름에 이기는 것은 상대방의 엄지를 자신의 엄지로 누르고 있는 상태고, 이긴 상태에서는 상대방의 손등을 두드릴 수 있다.

공격자와 수비자를 번갈아 하면서 놀이를 진행한다.

★ 대화방법

"자, 엄마랑 씨름하자. 엄지손가락으로 씨름하는 거야. 시작할게."

"지안이 엄지를 누를 거야. 어딜 도망가. 오~ 요리조리 잘 도망치는걸! 쫓아가서 잡아야겠다. 잡아라!"

"이번에는 지안이가 엄마 잡아! 도망가야지. 잡아봐!"

"어이쿠! 잡혔다. 도와주세요. 놔주세요! 우리 지안이 정말 잘한다."

★ 아이 몸의 이야기

'엄지가 이렇게 빠르게 움직일 수 있구나.'(속도감, 위치감, 엄지감각)

'뭔가를 잡을 때 엄지를 써야 잘 잡히는구나.'(소근육 발달, 신체기능 인식)

'엄마가 엄지손가락으로 누르면 빠져나오기가 힘드네.'(압박감, 힘의 강약 인식)

'내가 졌을 때 좀 속상했지만 놀이가 재미있어서 금세 기분이 좋아졌어.'(감정조절능력 향상)

놀이 5. 등에 그림 그리기

★ 활동방법

등을 쓱쓱 문지른 다음에 아이에게 무슨 모양인지 맞춰보라고 하고 등에 그림을 그린다. 처음에는 쉬운 모양부터 한다.

숫자, 글자 등의 여러 가지 소재로 다양하게 확대해서 활동한다.

이번에는 부모의 등에 아이가 모양을 그리도록 바꿔서 놀이한다.

* 우리는 주로 앞쪽 감각만 많이 사용하는데, 뒤쪽 감각을 사용해볼 기회가 된다. 이 놀이를 통해 아이는 자신의 몸을 입체적으로 감지하게 된다. 익숙하지 않은 뒤쪽 감각에 집중하게 되어 집중력이 향상된다.

★ 대화방법

"우리 지안이 등 넓다. 여기에 그림 그려도 되겠다. 엄마가 그림 그릴 테니까 무슨 모양인지 알아맞혀 봐."

"엄마가 이번에는 좀 빨리 그려볼 거야. 자! 집중해."

"이번에는 진짜 천천히 그려줄게. 그리고 세 번 그려볼 테니까 잘 맞춰봐."

"이번에는 엄마가 맞춰볼게. 지안이가 문제 내줄래?"

"잘 모르겠는데 힌트 좀 줄 수 있어?"

★ 아이 몸의 이야기

'내 등의 느낌이 새로워. 조금 멀리 느껴지지만 뭔가 신기해.'(몸의 부피감, 입체감, 등감각)

'엄마 손이 등을 쓱쓱 문질러주니까 따뜻해지는 것 같아.'(온각, 촉감)

'눈으로만 봤던 모양이 등에 그려지니까 뭔지 더 궁금하고 더 오래 생각하게 돼.'(집중력, 사고력, 추리력)

'난 등을 눈으로 직접 볼 수 없었는데, 엄마가 등에 그림을 그릴 정도로 내 등이 넓다는 걸 알게 됐어.'(등 면적감, 신체인식, 압박감)

놀이 6.

간지럼 태우기

★ 활동방법

구석구석 마사지를 한다.

머리 톡톡톡, 어깨 조물조물, 배는 쓱쓱 문지르고 꾹 꾹 눌러준다.

'거미가 줄을 타고 올라갑니다~ 내려갑니다~ ♬'

노래에 맞춰서 아래에서 위로 올라갔다 내려갔다 하면서 간지럼 태운다.

'벌 또는 모기가 날아와서 어디를 콕 할까?'라고 관심을 유도하면서 신체 부위를 자극해준다.

'로켓이 날아와서 콰콰쾅!' 같은 상황을 연출하며 진동감을 준다. 온몸을 위, 아래, 옆으로 또는 반으로 접거나 구부린다는 생각으로 신체 부위를 구석구석 자극해준다.

신체 부위를 알아맞히도록 이야기해준다.(뾰족하고 딱딱해. 팔에 있고, 여기 살은 주름이 많아. 답: 팔꿈치)

★ 대화방법

"엄마는 지안이랑 같이 놀면 정말 좋아. 우리 재미있게 놀자. 엄마가 간질간질하러 갈 거야."

"우리 지안이 배꼽이 있나 없나? 어제는 있었던 것 같은데 지금도 있나?"

"어! 지안이 다리에 뭐가 들어간 것 같은데, 뭐지? 찾아야겠다. (찾는 시늉을 하며 간지럼) 아무것도 없구나. 지안이 예쁜 다리가 있네."

"지안아, 어디가 가장 간지러운지 봐봐. 겨드랑이 간지러워? 발바닥은? 귀 뒤는 어때? 엄마는 겨드랑이가 제일 간지러워."

"지안아, 엄마도 간질간질해줘. 이번에는 엄마 등 좀 두드려줘. 지안이가 마사지해주니까 정말 시원하다. 고마워."

★ 아이 몸의 이야기

'내 몸이 눌러지니까 재미난 느낌이 나.'(압박감, 촉감각)

'몸이 두드려지면서 덜덜덜 움직이는 게 신 나.'(진동감각)

'모기가 날아온다고 엄마가 장난쳐 주면서 하니까 진짜 모기가 깨무는 것 같아.'(예측, 통각)

'겨드랑이는 정말 간지럽고, 배는 별로 안 간지러워. 발바닥은 간지러운데 엉덩이는 안 간지러워. 느낌이 다 다르구나.'(신체 부위별 감각, 신체위치감, 고유감각)

'엄마 아빠가 내 몸을 만져주니까 편안하고 기분이 좋아.'(감정)

놀이 7. 비행기 태우기

★ 활동방법

부모가 바닥에 눕는다. 다리를 구부려 발바닥으로 아이 배를 받치고 다리를 뻗어 아이를 위로 들어 올린다.

아이의 손을 잡아주어도 되고, 아이가 균형을 잘 잡으면 스스로 움직여보게 손을 놔주어도 좋다.

다리를 구부려 발바닥이 아닌 정강이로 아이를 들어 올린다.

* 아이가 떨어질 수 있으니 침대나 매트 위에서 하는 것이 좋다.

★ 대화방법

"우와! 기분이 어때? 하늘을 나는 것 같지?"

"우리 비행기 타고 어디 갈까?"

"자! 그럼 비행기가 이륙합니다. 슈웅! 자 이제 비행기 도착합니다. 쿠웅 착! 도착했습니다. 내리세요."

"어어! 비행기가 옆으로 기울어지려 해. 중심 잘 잡아!"

★ 아이 몸의 이야기

'몸이 엎드린 상태에서 위로 점점 올려지네.'(위치감)

'엄마 발이 내 배 위에 있으니까 기울어지지 않고 내 몸이 균형을 잡는구나.(균형감각, 신체 부위 인식)

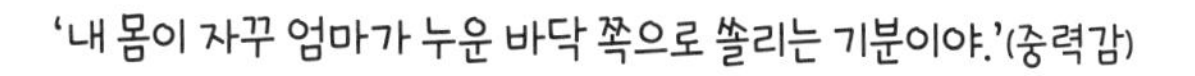

'내 몸이 자꾸 엄마가 누운 바닥 쪽으로 쏠리는 기분이야.'(중력감)

'엄마가 내 배를 누르니 숨이 차오르고 답답한 것 같아.'(내장감각, 압박감)

'내 두 팔이 비행기 날개처럼 펴지고 움직이네.'(고유감각)

'엄마의 두 발은 이렇게 힘이 있어서 나를 들어 올릴 수도 있구나.'(신체기능 이해의 확장)

놀이 8. 코카콜라 맛있다

★ 활동방법

아이와 마주 보고 앉는다.

서로 다리를 교차해서 낀다.

아이 두 다리가 안쪽에, 부모 두 다리가 바깥쪽에 (그 반대도 가능하다.) 또는 아이 다리와 부모 다리가 하나씩 교차되게 끼어서 활동한다.

노래에 맞춰서 다리를 번갈아가며 친다.

다리를 치는 속도를 빠르게 하다가 느리게 하는 등 바꿔가며 친다.

다리를 치는 힘을 살살 하다가 세게 하는 등 바꿔준다.

노래 끝에 걸린 다리를 간지럼 태우거나 방귀 뀐 사람(술래)으로 한다.

걸린 다리는 한 개씩 접어서 뺀다.

노래는 두 가지다. 편한 것으로 정해도 되고, 아이와 직접 노래를 만들면서 해도 좋다.

* 노래1. 코카콜라 맛있다. 맛있으면 또 먹어. 또 먹으면 배탈 나. 배탈 나면 병원 가. 병원 가면 주사 맞아. 척척박사님~ ♬

* 노래2. 누가 방귀를 뀌었을까요. 알아맞혀 보세요. 딩동댕 척척박사님~ ♬

★ 대화방법

"누구 다리가 더 긴지 볼까?"

"우와! 다리가 많다. 우리 가족 다리는 모두 몇 개지?"

"누가 방귀를 뀌었는지 한번 알아볼까? 아빠가 뀌었네? 에잇! 방귀냄새~!"

"우리 엄청나게 빠르게 노래해볼까?"

"이번에는 아주 천천히 달팽이처럼 매우 느리게 해보자."

"이번에는 엄마가 아무 말도 안 하고 다리만 칠 거거든. 언제 노래가 끝나는지 머릿속으로 같이 노래를 불러봐."

"이번에는 우리 지안이가 시작해볼래? 지안아, 누가 걸렸어?"

★ 아이 몸의 이야기

'엄마 아빠 다리가 내 다리보다 길다. 그리고 굵고 커.'(신체비교, 신체인식/자아발달 촉진)

'노래에 맞춰서 다리를 치면서 가니 재미있고, 뭔가 딱딱 맞는 게 신기해.'(박자감)

'서로 다리를 맞대고 노래에 맞게 다리를 치는 느낌이 좋아.'(촉감각, 통각)

'마지막에 걸린 사람이 방귀를 뀐 거래. 방귀 냄새가 진짜 나나? 예전에 아빠가 팍 하고 방귀 뀌었는데!'(후각, 상상력, 기억력)

'다 같이 이렇게 노니까 기분이 정말 좋아.'(사회성 발달 촉진, 감정 경험, 공감능력 증진)

놀이 9. 쎄쎄쎄

★ 활동방법

마주 보고 앉아 손을 맞잡는다.

'아침바람 찬 바람에', '푸른 하늘' 노래를 부르며 쎄쎄쎄를 한다.

(어릴 적 불렀던 쎄쎄쎄 종류 중 아무거나 자유롭게 해도 좋다.)

노래를 빠르게 했다가 느리게도 부른다.

손바닥이 마주치는 강도를 살살 했다가 세게 한다. 아이가 아프다고 하면, "아팠어? 미안해! 호~"라며 사과한다. 이 놀이과정을 통해 아이는 사과하는 법을 배우게 된다.

일부러 엄마 손의 위치를 조금 멀찍이 해서 (살짝 장난치듯이) 아이가 자기 팔을 뻗어 엄마 손에 닿도록 한다.

★ 대화방법

"지안아, 이리 와봐. 엄마랑 쎄쎄쎄 할까?"

"이번에는 엄마랑 점점 빠르게 하는 거야! 아주 빨라서 손이 안 보이게."

"이번에는 엄마랑 손 마주치는 소리가 엄청 크게 하는 거야. 짝짝 소리가 나게."

"엄마랑 지안이 손이 정말 딱딱 잘 맞는다. 정말 재미있어."

"이번에는 쎄쎄쎄 어떻게 해보면 좋을까? 지안이가 생각해봐. 어떻게 하면 재미있을까?"

★ 아이 몸의 이야기

'쎄쎄쎄 할 때 부르는 노래랑 엄마와 내 손이 딱 딱 잘 맞아.'(리듬감, 박자감)

'엄마 손과 내 손이 스치기도 하고 마주치기도 하네.'(촉감각)

'엄마가 하는 손동작을 이렇게 따라 할 수 있구나.'(소근육 발달, 모방화, 자아 발달)

'혼자 노래하는 것보다 둘이 마주 보고 노래에 맞춰 쎄쎄쎄 하니 훨씬 재미있다.'(사회적 활동의 의미 부여, 유쾌한 감정의 상황적 이해)

'손이 부딪히는 느낌이 재미있네. 강하게 할 땐 손바닥이 조금 따끔하지만 신이 나.'(마찰감, 통각)

놀이 10. 떡 사세요

★ 활동방법

아이 몸을 옆으로 해서 부모의 등 쪽으로 둘러업는다.

'떡 사세요' 자세로 "지안이 사세요. 아주 똑똑하고, 예쁜 우리 지안이에요"라고 말하면서 돌아다닌다.

한 자리에서 뱅글뱅글 돈다.(옆으로 왔다갔다 정도만 해도 괜찮다.)

이쪽에서 저쪽으로 살짝 뛰며 달려간다.

아이를 내려줄 때는 다리 쪽을 한쪽 팔로 잡고 다른 쪽 손으로는 아이의 어깨를 잡으면서 아이가 스스로 머리와 팔을 바닥에 착지할 수 있도록 한다.

★ 대화방법

"자, 으라차차 업었다. 우리 지안이 사세요. 세상에서 하나밖에 없는 우리 딸 지안이 사세요."

"아빠? 지안이 살 거죠? 얼마인지 알아요? 안 팔아요."

"자, 흔들흔들한다."

"이제는 엄마가 뛸 거야. 엄마를 꽉 잡아."

"지안이가 점점 아래로 떨어지는 것 같아. 어떡하지? 어어! 땅을 잘 짚어! 와아, 내려왔다."

★ 아이 몸의 이야기

'내 몸이 붕 떴네.'(중력감)

'내 몸이 옆으로 떠 있어.'(위치감, 신체위치, 방향감각)

'엉덩이와 머리가 자꾸 땅으로 내려가려고 하는 것 같아.'(무게감)

'엄마가 왔다갔다 몸을 움직일 때 몸이 빙글 도는 것 같아.'(회전감각, 고유감각)

건강한 몸놀이를 위한 Q&A

Q 몸으로 훈육도 가능한가요?

A 훈육을 어떻게 해야 할까요? 부모들의 가장 큰 고민일 거예요. 훈육을 안 하고 있다면 훈육을 할지 말지 고민되고, 훈육하고 있다면 지금 하고 있는 훈육 방법이 맞는지 고민하게 됩니다. 훈육에 완벽한 정답은 없습니다. 하지만 보편적으로 효과가 있는 방법은 분명 있습니다. 아이와 부모의 성격과 기질에 맞는 훈육 방법을 찾는 게 육아의 한 과정이고, 엄마가 되는 과정이기도 합니다.

그러나 훈육할 때 공통으로 중요한 부분이 있습니다. 부모가 감정에 휘둘리면 안 된다는 것이지요. 화가 치밀어 오르고 분노가 끓고 있을 때는 훈육을 하면 안 됩니다. 하지만 아이와 있다 보면 내 감정인데도 마음대로 조절되지 않을 때가 많습니다. 아이의 모습에 화가 나고, 속이 부글부글 끓기도 하지요. 목소리는 날카로운 가시처럼 변하고, 얼굴은 매섭게 바뀌기도 합니다. 이럴 때는 부모의 감정을 먼저 다스리는 게 좋습니다.

그 순간의 감정을 추스르는 엄마만의 방법이 있나요? 그럼 바로 그 방법을 사용하시면 좋습니다. 감정을 추스르고 평정심을 찾은 이후가 훈육할 타이밍입니다.

승준이 이야기를 잠시 해보겠습니다. '동생 때리지 마!' 엄마가 눈을 부릅뜨고 소리 한번 꽥 지르면 승준이는 잠시 행동을 멈춥니다. 하지만 그때뿐이에요. 얼마 지나지 않아 동생을 또 툭툭 건드리기 시작합니다.

승준이는 동생을 왜 때리면 안 되는지 알고 있을까요? 물론 알고 있습니다. 하지만 그건 자기가 스스로 깨달은 게 아니라, 엄마가 하지 말라고 하니까 하면 안 된다고 생각한 것일 뿐이지요. 그런 수동적 이해는 동생을 때리는 행동이 수정되도록 돕지 못합니다.

승준이는 엄마가 하지 말라고 해서가 아니라 정말 왜 동생을 때리면 안 되는지 충분히 생각해봤을까요? 아이가 주도적으로 생각해볼 기회가 있었을까요? 생각해서 스스로 그 이유를 알아가고, 그 생각이 본인의 도덕적, 윤리적 가치관으로 자리 잡아야 합니다. 그래야 어떤 상황이든, 어떤 감정이든 간에 동생을 때리지 않는 행동으로 성장하게 됩니다.

저는 적절치 못한 행동을 하는 아이에게 많은 말을 하지 않습니다. 즉, 말로만 타이르고 끝내지 않는데요. 일단 아이를 꽉 껴안습니다. 버둥거리고 빠져나가려고 해도 아무 말 하지 않은 채 2~3분가량을 계속 안고 있습니다. 그러면 아이는 생각하기 시작합니다.

'선생님은 왜 나를 안고 있지? 선생님이 이야기하고 싶은 게 뭐지? 내가 무슨 행동을 했더라? 그 행동이 좋았던 것일까, 나쁜 것이었을까? 그렇다면 나는 어떻게 선생님께 이야기해야 할까? 다음부터는 어떻게 하면 좋을까?'

잠시 몸을 통제하여 아이에게 그 전에 벌어졌던 일에 대해 충분히 생각할 기회와 시간이 주는 것입니다. 그러고 나서 부드럽게 양손을 잡고 아이의 이름을 부르며 이렇게 짧고 굵게 말합니다.

"승준아~ 사랑하는 이승준! 우리 승준이는 동생을 사랑하지요? 동생을 도와주고 보호해주는 멋진 오빠지요? 우리 멋진 승준이 앞으로 동생에게 어떻게 해주면 좋을까?"

"이제 동생을 안 때릴 거예요." (아이마다 다르지만 대개 이렇게 말한다.)

"그렇지. 우리 승준이는 동생에게 어떻게 해야 하는지 잘 알고 있어. 우리 승준이 앞으로 잘 할 거야. 선생님은 믿어!"

열 번, 스무 번 말로 타이르고 잔소리하는 것보다 몸과 몸으로 한번 훈육하는 게 훨씬 효과적입니다. 그러고 나면 아이의 행동이 눈에 띄게 좋아집니다. 이렇게 훈육하면 감정과 에너지가 과하게 소진되지 않습니다. 서로에 대한 신뢰가 무너지지 않습니다. 감정이 격해지는 것이 아니라 오히려 감정이 조절됩니다. 서로 더 이해하면서 소통이 이루어집니다. 그래서 훈육은 몸으로 해야 합니다.

내일의 해가 뜨면 아이가 내 눈을 바라봐 주지 않을까?

잠자고 일어나면 다른 아이들처럼 '엄마! 아빠!' 부르며 다가오지 않을까?

어젯밤 내 꿈속 모습처럼 재잘재잘 말하게 되지 않을까?

자폐증, 발달장애 아이를 둔 엄마의 내일은 늘 이런 상상으로 가득하다. 누군가에게는 매일 벌어지는 평범한 일들이 또 누군가에게는 마법을 부려서라도 얻고 싶은, 간절히 바라고 소망하는 기적 같은 일이다.

나는 엄마라서 마음 아프고, 아빠라서 고민되고, 부모라서 가슴 쓰린 그 모습들을 함께 지켜보았다. 부모가 되면 새로운 걱정과 근심이 생기고, 이전과 다른 아픔과 시름을 느끼게 된다. 그래서 그동안 수고하고 고생한 부모님들의 마음을 위로하고 싶었다. 충분히 애쓰셨고, 넘치게 수고하셨고, 마음 다해 아이를 사랑하셨다고, 이와 같은 말로 내 마음을 전하고 싶었다. 하지만 그 어떠한 위로의 말보다 그들이 원하는 건 단 하나였다. '어떻게 하면 내 아이가 좋아질 수 있을까?'에 대한 해답이었다.

아이와 부모의 소통이 '몸'에서부터 시작되었다면 얼마나 좋았을까?

아이와 부모의 놀이가 '몸'과 '몸'으로 이어졌다면 얼마나 더 건강해졌을까?

아이와 부모의 이해가 '몸'이 우선순위였다면 얼마나 더 행복했을까?

이 모든 것이 '몸'에서 비롯되었다면 지금의 시름과 불안은 다른 모습이지 않았을까?

그런 아쉬운 마음이 내가 이 글을 쓰게 만들었다. 그런 안타까운 마음이 이 현대사회의 육아문화에 도전할 용기를 주었다.

2여 년의 시간이 걸렸다. 솔직히 말하면 뭉그적거렸다. 책을 잘 쓰고 싶었다. 너무도 욕심이 났다. 생각이 많아지고 힘만 팍팍 들어가니 글이 잘 써지지 않았다. 그만큼 왜 아이의 몸이 중요한지, 왜 몸놀이를 해야 하는지 강렬하게 전달하고 싶었기 때문이다. 어떤 말로 독자를 설득해야 할까, 어떻게 부모의 몸을 움직여 아이에게 더 적극적으로 다가가게 할 수 있을까, 생각이 많아져서 참 오랜 시간 뜸을 들였다. 뜸들이는 저자에게 독촉 한 번 안 하고 묵묵히 기다려주신 카시오페아 출판사 민혜영 대표님께 깊이 감사드린다. 뜸을 오래 들여야 맛있는 잡곡밥처럼, 부모와 아이에게 영양을 듬뿍 주고 차지고 맛있는 식감을 주는 그런 책이 되길 바란다.

마지막으로 나의 몸에 몸 써주신 나의 부모님과 내 몸을 가치 있게 해준 딸 이지안. 그리고 딸을 위해 함께 몸 쓰는 남편, 이얼 님께 깊이 감사드린다.

[이 책의 인세 수입은 사회성이 부족하거나 자폐 성향이 있는 아이들이 몸의 경험을 즐겁게 할 수 있는 학교 건립을 위해 사용됩니다.]

하루 30분 몸의 감각을 깨우면 일어나는 기적 같은 변화, 몸육아의 비밀

아이의 모든 것은 몸에서 시작된다

초판 1쇄 발행 2018년 8월 31일
초판 4쇄 발행 2022년 3월 2일
지은이 김승언

펴낸이 민혜영 | **펴낸곳** (주)카시오페아 출판사
주소 서울시 마포구 월드컵로 14길 56, 2층
전화 02-303-5580 | **팩스** 02-2179-8768
홈페이지 www.cassiopeiabook.com | **전자우편** editor@cassiopeiabook.com
출판등록 2012년 12월 27일 제2014-000277호
편집 최유진, 진다영, 공하연 | **디자인** 이성희, 최예슬 | **마케팅** 허경아, 홍수연, 변승주,
본문그림 이미현

ISBN 979-11-88674-25-1 03590

이 도서의 국립중앙도서관 출판시도서목록 CIP은 서지정보유통지원시스템 홈페이지(http://seoji.nl.go.kr와 국가자료공동목록시스템 http://www.nl.go.kr/kolisnet에서 이용하실 수 있습니다.
CIP제어번호: CIP2018026363